Anaesthesiology and Resuscitation
Anaesthesiologie und Wiederbelebung
Anesthésiologie et Réanimation

60

Editors

Prof. Dr. R. Frey, Mainz · Dr. F. Kern, St. Gallen
Prof. Dr. O. Mayrhofer, Wien

Managing Editor: Prof. Dr. M. Halmágyi, Mainz

Homoiostase

Wiederherstellung und Aufrechterhaltung

Bericht über das Symposion
am 2. und 3. Oktober 1970 in Mainz

Herausgegeben von

F. W. Ahnefeld und M. Halmágyi

Mit 50 Abbildungen

Springer-Verlag Berlin Heidelberg New York 1972

ISBN-13:978-3-540-05680-5   e-ISBN-13:978-3-642-65307-0

DOI: 10.1007/978-3-642-65307-0

Vorwort

Die Wiederherstellung und Aufrechterhaltung der Homoiostase gehört zu den Grundproblemen der Intensivtherapie.

Die zahlreichen Aspekte, die in diesem Zusammenhang berücksichtigt werden müssen, können bei einem kurzen Round table-Gespräch nicht in allen Einzelheiten abgehandelt werden. Wir haben uns daher die Aufgabe gestellt, diejenigen großen Zusammenhänge herauszustellen, die das Verständnis der inneren Verflechtung der einzelnen lebenswichtigen vitalen Funktionen ermöglicht.

Unter Mitwirkung verschiedener klinischer Fachgebiete und der experimentellen theoretischen Medizin wurden alle diejenigen physiologischen und pathophysiologischen Vorgänge in den vitalen homoiostatischen Funktionen analysiert, die für Versorgung, Transport und Ausscheidungsfunktionen im menschlichen Organismus verantwortlich sind und deren Störungen erstrangige thanatogenetische Bedeutung haben.

Es ist unsere Überzeugung, daß die inhaltliche Wiedergabe der Gespräche eine wesentliche Hilfe für die klinische Alltagsarbeit darstellt.
Wir danken der Jacques Pfrimmer-Gedächtnisstiftung für ihre Unterstützung bei der Durchführung des Symposions.

Im Dezember 1971   Die Herausgeber

Inhaltsverzeichnis

Störungen des Sauerstofftransportes

C. Störungen des Säure-Basen-Haushaltes und ihre Therapie

D. Thanatogenese

Verzeichnis der Referenten

AHNEFELD, F. W., Prof. Dr., Anaesthesieabteilung der Universitätskliniken Ulm/Donau

BERGMANN, H., Univ.-Dozent Dr., Institut für Anaesthesiologie am Allgem. öffentl. Krankenhaus der Stadt Linz/Donau/Österreich

DÖLP, R., Dr., Anaesthesieabteilung der Universitätskliniken Ulm/Donau

DUDZIAK, R., Prof. Dr., Abteilung für Anaesthesiologie der Universität Düsseldorf

ECKART, J., Dr., Institut für Anaesthesiologie, Klinikum Steglitz der Freien Universität Berlin

FRANZ, H. E., Prof. Dr., Zentrum für Innere Medizin der Universität Ulm/Donau

GROTE, J., Prof. Dr., Physilogisches Institut der Universität Mainz

HÄRICH, B., Dr., Zentrum für Innere Medizin und Kinderheilkunde, Ulm/Donau

HALMÁGYI, M., Prof. Dr., Institut für Anaesthesiologie der Universität Mainz

MESSMER, K., Prof. Dr., Institut für experimentelle Chirurgie der Chirurgischen Universitätsklinik München

MÜLLER, C., Dr., Abteilung für Anaesthesiologie am Ev. Krankenhaus, Mülheim/Ruhr

REULEN, H.-J., Prof. Dr., Neurochirurgische Universitätsklinik Mainz

STAUCH, M., Prof. Dr., Zentrum für Innere Medizin und Kinderheilkunde der Universität Ulm/Donau

ZIMMERMANN, W. E., Prof. Dr., Chirurgische Universitätsklinik Freiburg/Br.

Die Grundprinzipien der Aufrechterhaltung
und Wiederherstellung der Homoiostase

Von **M. Halmágyi**

Die biologische Existenz des menschlichen Organismus ist an den ungestörten Ablauf oxydativer Stoffwechselvorgänge gebunden. Die Grundvoraussetzungen liegen in den physiologischen Größen der homoiostatischen Konstanten, die nach den Gesetzen des Fließgleichgewichtes aufrechterhalten werden. Im Hinblick auf die jeweilige Zellfunktion entscheidet in diesem Sinne das Verhältnis bzw. Mißverhältnis zwischen Bedarf und Angebot.

Eine große Anzahl – z. Z. noch teils unbekannter – möglicher Kombinationen der einzelnen Störungen der homoiostatischen Konstanten kann, wenn die zur Verfügung stehenden Kompensationsmechanismen im menschlichen Organismus überfordert sind, letzten Endes zu dem gleichen Resultat führen: Hypoxidose der Gewebe mit dekompensierten Störungen des Säure-Basen-Haushaltes, energetische Insuffizienz und Transmineralisationsstörungen an den Zellmembranen, die infolge der Störung der oxydativen Stoffwechselvorgänge auftreten.

Alle diese Folgen des Sauerstoffmangels können als Übergang aus dem Zustand des Fließgewichtes in den des chemischen Gleichgewichtes gedeutet werden, welches dem biologischen Tod gleichzusetzen ist.

Aus der quantitativen Analyse der energetischen Insuffizienz und Säureüberproduktion bei der hypoxämischen Stoffwechsellage geht eindeutig hervor, daß die Hypoxie von dem menschlichen Organismus nur für sehr kurze Zeit toleriert werden kann. Es kommt zwangsläufig, abhängig von dem Grad der Hypoxie, früher oder später zu einer Überforderung aller gegenseitigen Kompensationsmöglichkeiten der einzelnen vitalen homoiostatischen Funktionen.

Die vitalen homoiostatischen Funktionen sind die der Atmung, des Herz- und Kreislaufsystems, des Wasser-Elektrolyt- bzw. Säure-Basen-Haushaltes einschließlich Nierenfunktion. Sie alle unterstehen normalerweise per analytischen Kontrolle und dem regulatorischen Einfluß des vegetativen und zentralen Nervensystems und des Endokriniums. Der vollständige Ausfall einer dieser fundamentalen Funktionen oder eine ungün-

stige Konstellation von – isoliert betrachtet noch ungefährlichen – Teilstörungen der einzelnen Funktionssysteme kann den Tod durch Hypoxie
verursachen (Abb. 1).

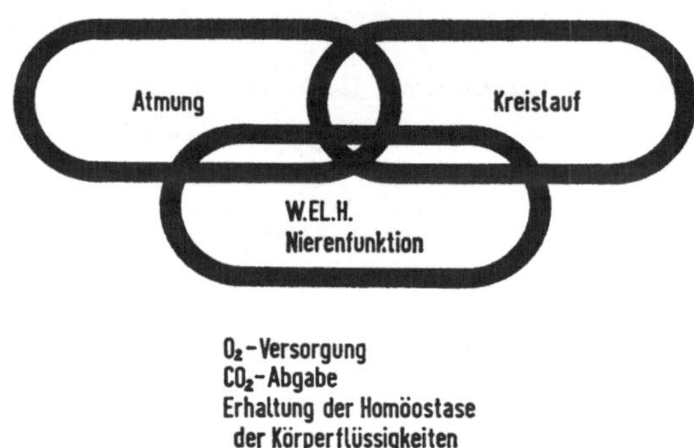

Abb. 1. Elementare Voraussetzungen (Sicherungen) des Lebens (nach H. Baur)

Ein sinnvoller diagnostischer und therapeutischer Zugang zu den Funktionsstörungen der Homoiostase setzt die Anwendung zweier grundlegen-
der Prinzipien der Intensivtherapie voraus:

1. Das thanatogenetische[1] Prinzip der Diagnose

Grundkrankheiten der operativen Medizin mit definierter Pathogenese,
wie z. B. Magenulcus, Ileus, Unfälle, verursachen zwar oft direkt oder indirekt eine Zweitkrankheit (Hämorrhagie, Peritonitis, Lungenödem usw.).
Die Zweitkrankheiten können aber auch unabhängig von der Grundkrankheit latent vorhanden sein, wie z. B. bei Alterspatienten eine Exsikkose,
die bereits bei relativ geringen Blutverlusten während einer Operation die
eigentliche Ursache eines plötzlichen Kreislaufzusammenbruchs darstellen
kann (Abb. 2).
   In jedem Falle besteht die Gefahr, daß durch die Zweitkrankheit ausgelöste Störungen der vitalen Funktionen einen eigengesetzlichen Verlauf
nehmen und zu einer akuten Elementargefährdung des Lebens führen
(Tab. 1).
   Für die eigengesetzlich verlaufenden, zum Tode führenden pathophysiologischen Vorgänge der Störungen der vitalen Funktionen wurde zum Unterschied zu der an die Krankheiten gebundenen Pathogenese sinngemäß
die Bezeichnung Thanatogenese von Bauer eingeführt.

---

[1] Thanatos (griech.) = Tod

Das thanatogenetische Prinzip der Diagnose verlangt die Klärung potentieller Todesursachen, die in den relevanten Größen der vitalen Funktionen zu suchen sind.

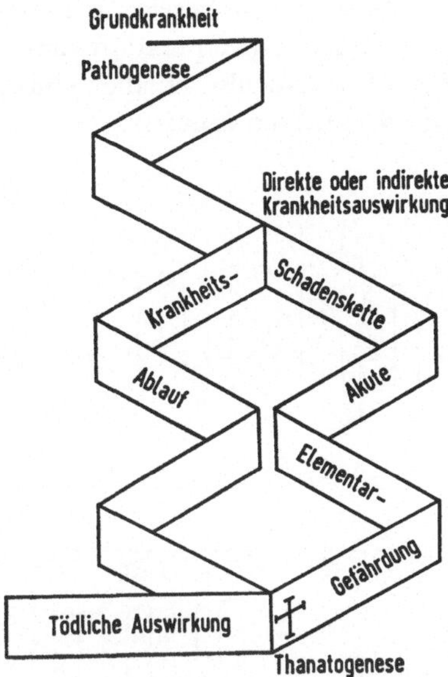

Abb. 2. Akute Elementargefährdung als Seitenketten im Krankheitsablauf
(nach H. Baur)

Die Gesamtdiagnose bei Störungen der lebenswichtigen homoiostatischen Funktionen ergibt sich somit einerseits aus der ätiologischen Bedeutung der Grundkrankheit für die Zweitkrankheiten und andererseits aus der thanatogenetischen Analyse der pathophysiologischen Vorgänge der Funktionsstörungen, die durch die Zweitkrankheiten ausgelöst worden sind.

Tabelle 1. *Thanatogenese – Pathogenese*
(nach Ahnefeld und Halmágyi)

Thanatogenese	= Entstehung des Todes durch Störungen von lebenswichtigen Funktionssystemen	= Leistungsbehinderung aller Organe
Pathogenese	= Entstehung einer Krankheit durch Störungen von Organfunktionen	= Leistungsunfähigkeit einzelner Organe

Die Natur der hier dargelegten Probleme kann man am besten an einem klinischen Beispiel veranschaulichen. In der Abb. 3 ist der klinische Verlauf bei einer Patientin nach zweimaliger Unterbauchoperation mit anschließender Fistelbildung im hohen Jejunumbereich dargestellt, die ursprünglich wegen eines Uterus myomatosus zur Operation kam. Am 5. postoperativen Tag erfolgte ein völliger Zusammenbruch aller vitalen Funktionen, der zu einem letalen Ausgang hätte führen können.

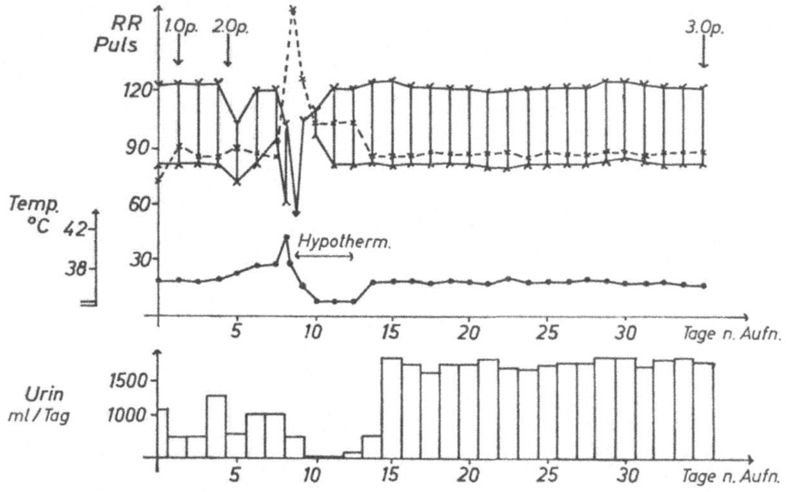

Abb. 3. Krankheitsverlauf nach Unterbauchoperationen

Die aus der herkömmlichen, d. h. pathogenetischen Sicht durchgeführte Analyse des Krankheitsgeschehens und die daraus abgeleiteten therapeutischen Maßnahmen, die in der Tabelle 2 dargestellt sind, vermochten offensichtlich nicht, den bereits eigenständig ablaufenden pathophysiologischen Vorgängen Einhalt zu gebieten. Die einzelnen therapeutischen Maßnahmen waren ausgerichtet, die Grundkrankheit und die Zweitkrankheiten wie Platzbauch, Darmlähmung, Magenatonie usw. zu beheben. An der Zweckmäßigkeit dieser therapeutischen Maßnahmen aus herkömmlicher klinischer Sicht ist im Grunde genommen nicht zu zweifeln. Sie ließen jedoch diejenigen pathophysiologischen Vorgänge, die die eigentlichen potentiellen Todesursachen darstellten und bereits einen eigengesetzlichen Verlauf nahmen, außer acht. In diesem Zusammenhang stellten sie also keine kausale Therapie dar und richteten sich lediglich gegen Symptome wie Anurie, Darmatonie usw. Es ist sogar nicht abzustreiten, daß einige der Maßnahmen der Behandlung wie die Bluttransfusion bei der Exsikkose, die Gabe von Kreislaufmitteln bei der Zentralisation des Kreislaufes und die Infusion der „Nierenstarter"-Lösung weitere iatrogene Schäden verursachten.

Tabelle 2. *Analyse des Krankheitsgeschehens aus pathogenetischer Sicht*

Diagnose	Therapie
Uterus myomatosus	Operation
Platzbauch	Operation
Darmatonie	Prostigmin
Magenatonie Erbrechen	Magensonde
Blutdruckabfall	Bluttransfusion Kreislaufmittel
Pulsanstieg	Cardiaca
Oligurie	„Nierenstarter" Diuretica
Fistelbildung	
	Antibiotica
Peritonitis	
Temperaturanstieg	Antipyretica
Cyanose	Sauerstoff

Tabelle 3. *Analyse der Störungen vitaler Funktionen aus thanatogenetischer Sicht*

Gestörte Bilanzen durch
Eingeschränkte Zufuhr von Wasser, Na^+, K^+, Cl^-, Eiweiß, calorienspendende Substanzen durch Nahrungskarenz
Vermehrte Abgabe von Wasser, Na^+, K^+, Cl^-, H^+ nach außen durch Magen – Darmatonie Erbrechen Magensonde Diuretica Fistelbildung Peritonitis
Mehrbedarf an K^+, Eiweiß, Calorien, O_2 durch Operation Endokrine Störungen Fieber Atemarbeit

Aufgrund einer folgerichtigen thanatogenetischen Analyse des Krankheitsgeschehens (Tab. 3) und der daraus resultierenden Störungen (Tab. 4) der einzelnen vitalen homoiostatischen Funktionen vermochten die eingeleiteten Behandlungsmaßnahmen der Intensivtherapie eine Umkehr der letalen Entwicklung herbeizuführen, die den Anfang einer völligen Genesung bedeutete.

Tabelle 4. *Analyse der Störungen vitaler Funktionen aus thanatogenetischer Sicht*

Thanatogenetische Faktoren
Wassermangel
Na^+, K^+, Cl^--Mangel
Metabolische Alkalose
Hypalbuminämie
Einschränkung des zirkulierenden Plasmavolumens
Hämokonzentration
Zentralisation des Kreislaufs
Zirkulatorische und ventilatorische Verteilungsstörungen im kleinen Kreislauf
Respiratorische Acidose
Arterielle und venöse Hypoxie
Hypoxidose der Gewebe

2. Das Prinzip der multilateralen Therapie

Eine Kette von komplizierten Transportvorgängen – die in der Abbildung 4 schematisch dargestellt sind – sorgt für die adäquate Sauerstoffzufuhr und den Abtransport und die Ausscheidung von Metaboliten im menschlichen Organismus.

Wenn man sich mit den Problemen der Störungen der Homoiostase befaßt, muß man sich stets vor Augen halten, daß jede Aufgliederung der physiologischen und pathophysiologischen Grundlagen der Diagnose und der Therapie mit einer Schnittführung durch die unlösbare Verflechtung der Lebensvorgänge verbunden ist. Ist nur eine der Teilfunktionen nicht mehr dem aktuellen vitalen Bedarf angepaßt oder fällt sie ganz aus, so wird zwangsläufig eine globale Störung aller vitalen Funktionen die Folge sein. Die monomane Anschauungsweise, die die einzelnen Stoffwechselvorgänge und Funktionssysteme als in sich abgeschlossene Reaktionskreise ansieht, ist keine geeignete Grundlage der Therapie der Störungen der vitalen homoiostatischen Funktionen. Die Bezeichnungen Wasser- und Elektrolyt-

haushalt, Energiehaushalt, Eiweißhaushalt, Säure-Basen-Haushalt, Herz-
und Kreislauffunktion, Atemfunktion usw. haben selbstverständlich ihre
Berechtigung für didaktische Zwecke und für die Systematisierung der
einzelnen Erscheinungsformen im Stoffwechselgeschehen, ebenfalls sind sie
bei der Analyse der vorliegenden Störungen für klinische Belange unent-
behrlich; in der Tat existieren sie aber nicht selbständig.

In dem vorangehenden klinischen Beispiel mußten die Störungen aller
vitalen Funktionskreise von mehreren Seiten sozusagen gleichzeitig therapeutisch angegangen werden (Tab. 5).

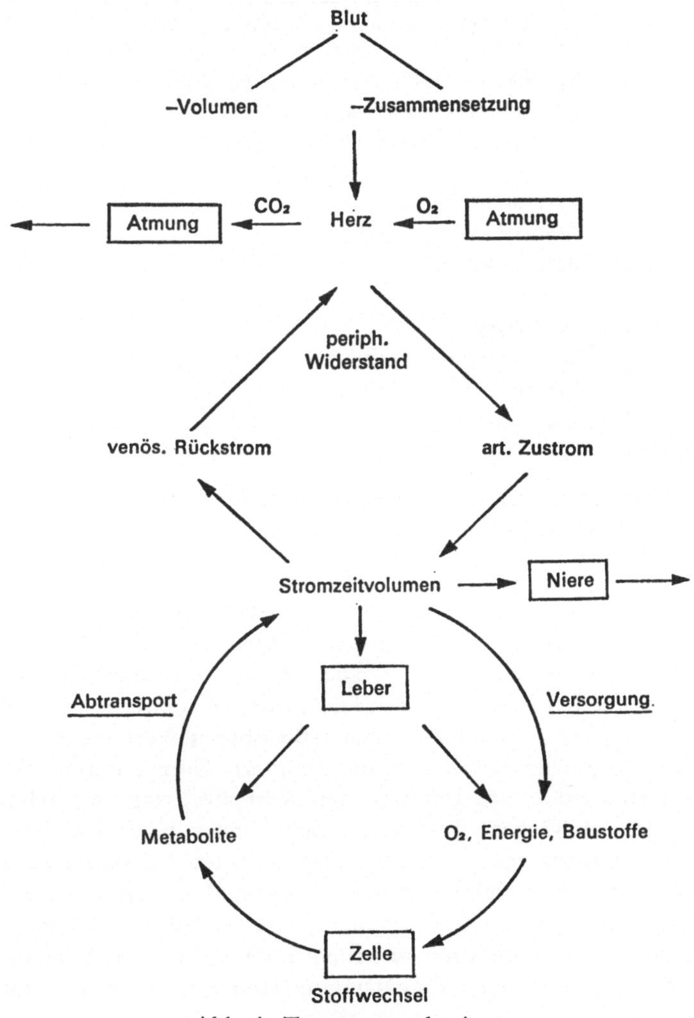

Abb. 4. Transportmechanismen

Das Prinzip der multilateralen Therapie besagt also, daß Störungen der Homoiostase nie isoliert auftreten; daher sollen alle maßgebenden relevanten Einflußgrößen der einzelnen vitalen Funktionssysteme gleichzeitig normalisiert bzw. die evtl. letalen Auswirkungen vorübergehend nicht normalisierbarer Parameter durch geeignete therapeutische Änderung der relevanten Einflußgrößen kompensiert werden.

Tabelle 5.

Therapie der Störungen vitaler Funktionen aus thanatogenetischer Sicht

Die multilaterale Therapie
Infusion von Elektrolytlösungen
Intravenöse Ernährung
Infusion von l-Lysin HCl
Infusion von Humanalbumin
Infusion von Plasma
Panthesin – Hydergin
Volumenersatz
Cardiaca
O_2-Zufuhr
Relaxierung mit kontrollierter Beatmung
Hibernation mit physikalischer Kühlung

Die Frage der therapeutischen Kompensation vorübergehend nicht behebbarer Teilstörungen der Homoiostase bedarf noch einer kurzen Erklärung:

Bei der Auswahl der einzelnen therapeutischen Handlungen muß man berücksichtigen, daß unter pathologischen Verhältnissen der „Normalwert" nicht immer der adäquate Wert ist. Die für das Aufrechterhalten des Lebens entscheidenden Parameter sind fast immer Bilanzwerte. So darf z. B. ein erhöhter – nicht normaler – Standard-Bicarbonat-Wert nicht als therapiebedürftig angesehen werden, wenn dieser zur Kompensation einer respiratorischen Azidose im Interesse der Normalisierung des pH-Wertes besteht. Ganz im Gegenteil: solche Möglichkeiten einer Kompensation müssen therapeutisch genutzt werden. Dies bedeutet, daß man in der Intensivtherapie auch eine sinnvolle „Abnormalisierung" der einzelnen Einflußgrößen vorübergehend vornehmen muß, um die Bilanzwerte in für das Leben noch tragbaren Grenzen zu halten. Dies ist im Grunde genommen nichts anderes als z. B. eine Umgehungsanastomose, die in der Chirurgie oft praktiziert wird.

In diesem Sinne müssen nicht nur die Einzelwerte, sondern auch die gegebenen Konstellationen analysiert werden, um die möglichen Wege einer notwendigen therapeutischen Kompensation aufzuzeichnen. Hierdurch sind trotz vorläufig nicht behebbarer Störungen irreparable Schäden noch zu vermeiden.

Unter Berücksichtigung dieser Prinzipien ist es trotz der Vielzahl der Einzelstörungen, die jede für sich potentielle Todesursachen sind, möglich, die für die oxydativen Stoffwechselvorgänge erforderlichen Leistungsbedingungen wiederherzustellen bzw. aufrechtzuerhalten.

Literatur

1. BAUER, H.: Respiration und Kohlensäurehaushalt. Stuttgart: Schattauer 1963.
2. HALMÁGYI, M.: Prinzipien der Intensivtherapie. In: Lehrbuch der Anaesthesiologie und Wiederbelebung (Herausgeber: R. FREY, W. HÜGIN, O. MAYRHOFER) 2. Aufl., S. 884–886. Berlin-Heidelberg-New York: Springer 1971.
3. HALMÁGYI, M., FREY, R., ISRANG, H.: Intensivtherapie der akuten respiratorischen Insuffizienz. Anaesthesist 10, 209 (1969).

A. STÖRUNGEN DER LUNGENFUNKTION UND IHRE THERAPIE

Einflußgrößen des Gasaustausches in der Lunge

Von **J. Grote**

Der Austausch der Atemgase in der Lunge zwischen dem Alveolarraum und den Lungenkapillaren erfolgt durch Diffusion. Entsprechend dem 2. Hauptsatz der Thermodynamik wandern die Gasmoleküle von Orten höherer Konzentration zu Orten niederer Konzentration. Die den Ausgleichsvorgang in der Lunge bestimmenden Konzentration- bzw. Partialdruckdifferenzen zwischen der Alveolarluft und dem Blut in den Lungenkapillaren werden in erster Linie von der Ventilationsgröße, der Größe der Lungendurchblutung (Perfusion) und speziell dem Ventilations-Perfusions-Verhältnis bestimmt.

Weitere Einflußgrößen für den Atemgaswechsel in der Lunge sind die Größe der Austauschfläche, durch welche die Gasmoleküle hindurchtreten, der Diffusionswiderstand des Lungengewebes und des Blutes sowie das Aufnahmevermögen des Blutes für Atemgase, bestimmt von der Pufferkapazität und der Hämoglobinkonzentration, und sein O_2- und CO_2-Bindungsverhalten.

Als ein Maß für den Einfluß der Diffusionsfläche und des Diffusionswiderstandes auf den Austausch der Atemgase dient die O_2-Diffusionskapazität. Sie ist definiert als diejenige Sauerstoffmenge, die pro mmHg mittlerer O_2-Druckdifferenz zwischen dem Alveolarraum und den Lungenkapillaren in der Zeiteinheit vom Blut aufgenommen wird. Von besonders großer Bedeutung für die Einstellung der Atemgaspartialdrucke im Blut während der Passage der Lungenkapillaren ist das O_2-Diffusionskapazitäts-Perfusions-Verhältnis.

Der Arterialisierungsgrad des Blutes wird somit vorrangig bestimmt von der Ventilation, der Perfusion und der Diffusion sowie ihrer Verteilung (Distribution) in den verschiedenen Lungenabschnitten. Bereits unter physiologischen Bedingungen sind die drei Prozesse in einzelnen Lungenbezirken von unterschiedlicher Größe.

Störungen des Gasaustausches in der Lunge treten auf als Folge von Veränderungen des Ventilations-Perfusions-Verhältnisses und des O_2-Diffusionskapazitäts-Perfusions-Verhältnisses (Diffusionsstörungen).

Störungen der Ventilation

Auswirkungen auf den Gasaustausch in der Lunge

Von **J. Eckart**

Venöses Mischblut wird in der Lunge arterialisiert, d. h. es nimmt aus der Alveolarluft Sauerstoff auf und gibt Kohlendioxyd an diese ab. An diesem Vorgang sind als Teilfunktionen die Ventilation, die Diffusion und die Durchblutung zu unterscheiden. Da der Gasaustausch zwischen Außenluft und den Alveolen bzw. zwischen der Alveolarluft und den Lungenkapillaren immer an das Vorhandensein einer Partialdruckdifferenz zwischen den Austauschpartnern gebunden ist, kommt der Ventilation die Aufgabe zu, in den Alveolen den Sauerstoffpartialdruck größer, den Kohlensäurepartialdruck aber kleiner als im venösen Mischblut zu halten, das in die Lungenkapillaren einströmt. Bei regelrechter Durchblutung der Lungenkapillaren, normaler Diffusionskapazität der Lunge für Sauerstoff und Kohlendioxyd und gleichmäßiger Verteilung der Inspirationsluft führt daher jede Zunahme oder Abnahme der Ventilation zu Änderungen der O_2- und CO_2-Spannung in der Alveolarluft und damit im arteriellen Blut.

Tabelle 1. *Ursachen der Hyperventilation*

1. Reizung der Atemzentren
2. Atemwirksame Medikamente oder Hormone
3. Hypoxie
4. Corticale Impulse
5. Stoffwechselsteigerung
6. Zunahme der H^+-Ionenkonzentration
7. Abnahme der Hirndurchblutung
8. Reizung pulmonaler Reflexe

Auswirkungen der Hyperventilation auf die arteriellen Blutgase

	normale Ventilation		Hyperventilation	
	Luftatmung	O_2-Atmung	Luftatmung	O_2-Atmung
pO_2 mmHg	100[a]	> 600	> 100	> 600
pCO_2 mmHg	40	40	↓	↓
SO_2 %	97,4	100	100	100

[a] Arterieller O_2-Druck mit zunehmendem Alter abnehmend: Mittelwert bei 20- bis 30 jährigen 95 mmHg; bei 50- bis 60 jährigen 75 mmHg.

Beeinflussen die in der Tabelle 1 zusammengefaßten Ursachen die alveoläre Ventilation so, daß es im arteriellen Blut zu einer Erniedrigung der CO_2-Spannung und zu einem Anstieg der O_2-Spannung bei nur unwesentlich erhöhter Sauerstoffsättigung kommt, spricht man von einer Hyperventilation. Wird die Lunge dagegen minderbelüftet – Tabelle 2 – dann führt die entstehende Hypoventilation sehr schnell zur respiratorischen Acidose und Hypoxämie.

Tabelle 2. *Ursachen der Hypoventilation*

1. Lähmung der Atemzentren
2. Neurale oder neuromuskuläre Störungen
3. Behinderung der Thoraxbeweglichkeit
4. Behinderung der Ausdehnungsfähigkeit der Lunge
5. Verminderte H -Ionenkonzentration bei metabolischer Alkalose

Auswirkungen der Hypoventilation auf die arteriellen Blutgase

	normale Ventilation		Hypoventilation	
	Luftatmung	O_2-Atmung	Luftatmung	O_2-Atmung
pO_2 mmHg	100 [a]	> 600	↓	im Vergleich zur norm. Ventilation vermindert
pCO_2 mmHg	40	40	↑	↑
SO_2 %	97,4	100	↓	normal

[a] Arterieller O_2-Druck mit zunehmendem Alter abnehmend: Mittelwert bei 20- bis 30 jährigen 95 mmHg; bei 50- bis 60 jährigen 75 mmHg.

Diagnostische Fragen in der Reihenfolge der Dringlichkeit

Von **R. Dölp**

Störungen der Ventilation führen in Abhängigkeit von ihrem Ausmaß akut oder chronisch zu hypoxisch und hyperkapnisch bedingten Organschäden.

Zunächst wird es weniger darauf ankommen, nach der Ursache einer Ventilationsstörung zu fragen, denn der hinzugerufene Arzt wird erst einmal beurteilen müssen, ob eine Apnoe vorliegt oder ob die vorhandene Eigenatmung den Patienten überhaupt suffizient mit Sauerstoff versorgt. Abhängig vom Hämoglobingehalt finden wir eine mehr oder weniger ausgeprägte Cyanose. Wenn wir nach den Störungsmöglichkeiten suchen, ist es zweckmäßig, dem Vorschlage von H. BAUR zu folgen und eine Suchliste aufzustellen:

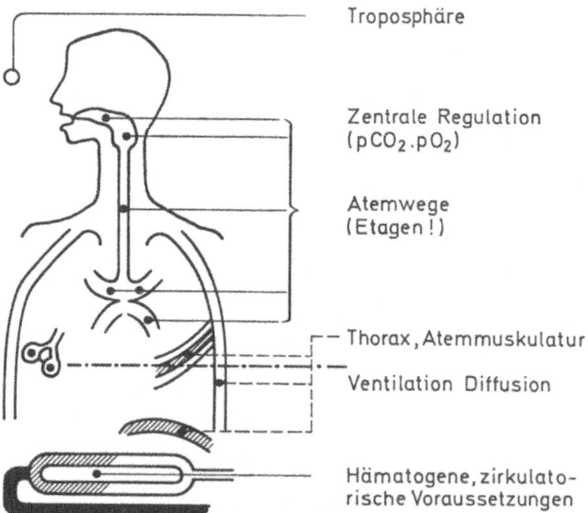

Abb. 1. Störungsmöglichkeiten in den verschiedenen Etagen des Respirationstraktes nach BAUR

1. Die Atemluft. Hier handelt es sich um eine schnell erkennbare oder ausschließbare Veränderung der Troposphäre, z. B. bei Anreicherung mit Kohlenmonoxyd oder Kohlendioxyd.

2. Störungen der Atemregulation. Eine zentrale Störung kann sowohl traumatisch als auch durch eine akute Erkrankung oder Intoxikation bedingt sein. Eine Bradypnoe, Apnoe oder eine Hypoventilation – freie Atemwege vorausgesetzt – sind die Leitsymptome. Die Zeichen einer Dyspnoe, von der nach MEAKINS dann gesprochen werden kann, wenn ein Kranker die Notwendigkeit zu gesteigerter Atemtätigkeit empfindet, fehlen. Bei der periodischen Atmung im Sinne einer Cheyne-Stokes-Atmung spielt die Herabsetzung der Erregbarkeit des Atemzentrums infolge einer chronischen Hyperkapnie die Hauptrolle.

3. Hindernisse in den Atemwegen. Eine interkurrente Verlegung führt zur Leistungsbehinderung des Gasaustausches. Diese Verlegung ist in allen Etagen und durch eine Vielzahl von Ursachen, z. B. Fremdkörper, Sekret, Erbrochenes, möglich. Falls keine Bewußtlosigkeit vorliegt, leiden die Patienten unter einer zunehmenden Dyspnoe, die sich neben dem erwähnten subjektiven Gefühl des Lufthungers und der Beklemmung objektiv in einer Tachypnoe äußert.

4. Veränderungen am Thorax, an der Atemmuskulatur und an der Lunge zählen zu den mechanischen Ventilationsstörungen, die nach HADORN und WYSS bei weitem die größte Bedeutung haben. Eine Asphyxie kann hervorgerufen werden durch einen – auskultatorisch und perkutorisch nachweisbaren – Spannungspneumothorax oder Pneumothorax mit paradoxer Atmung, durch eine Atembehinderung infolge heftiger Schmerzen, wie wir sie bei Rippenserienfrakturen sehen, durch einen palpatorisch diagnostizierbaren instabilen Thorax, aber auch durch eine verminderte Kraft der Atemmuskulatur nach Poliomyelitis, Landryscher Paralyse und nach Zwerchfell-Lähmungen, welche zum inversen Atemtypus führen. Ebenso haben Krämpfe der Atemmuskulatur, wie wir sie beim Tetanus finden, eine Reduzierung des Gasaustausches zur Folge.

5. Diffusion und Lungenkreislauf. Reizgase können das Alveolarepithel schädigen, aber auch ein Lungenödem oder eine Lugenembolie mit plötzlich einsetzender Dyspnoe, initialem Pleuraschmerz und Expektoration von blutigem Sputum können die Diffusion oder die Funktion des Lungenkreislaufes einschränken.

6. Die Transportfähigkeit des Blutes wird gelegentlich infolge eines akuten Mangels an Hämoglobin oder pathologischer Hämoglobinveränderungen – wie CO-Hb – herabgesetzt. Acidotische Zustände, z. B. im coma diabetikum, führen zu einer von KUSSMAUL beschriebenen, vertieften Atmung.

Bei der klinischen Diagnostik, deren Dringlichkeitsfolge sich von Fall zu Fall ändern kann, sind die hier genannten Störfaktoren zu analysieren oder auszuschließen.

Diagnostische Maßnahmen, Methoden und Geräte

Von **R. Dudziak**

Für die Beurteilung der Güte der Atmung können als Kriterium:

1. die dynamischen Ventilationsgrößen,
2. die arterielle bzw. venöse Blutgasanalyse und
3. die Analyse der Expirationsluft mit Hilfe von URAS, herangezogen werden.

Zu 1.: Die Messungen der dynamischen Ventilationsgrößen, z. B. des Atemminutenvolumens mit einem Volumeter sowie der Atemfrequenz und gelegentlich der Compliance geben lediglich Information über die rein mechanisch-respiratorischen Vorgänge.

Zu 2.: Metabolische Veränderungen, vor allem im Blut, aber auch im Gewebe, können mit dieser Methode nicht erfaßt werden. Hierfür gilt heute die Blutgasanalyse als wichtigste und beste diagnostische Informationsquelle.

Die Gasanalyse des Blutes wird mit Sauerstoff-, Kohlensäure- und pH-Elektroden durchgeführt. Von der Vielzahl der verschiedenen Geräte sollen als Beispiel das Gerät von ASTRUP, das von ESCHWEILER (Kiel) und das von HARNANCOURT erwähnt werden. Zur Messung der Sättigung des Blutes werden entsprechende Oxymeter angewandt.

Es sind grundsätzlich zwei wichtige Parameter, die mit einer Blutgasanalyse erfaßt werden können:

1. die Güte der Sauerstoffversorgung des Blutes und des Gewebes,
2. der Säurebasenstatus.

Die Sauerstoffversorgung kann durch die Messung der Sauerstoffsättigung und/oder des Sauerstoffpartialdruckes beurteilt werden. Messungen des Sauerstoffgehaltes können in speziellen Fällen zusätzlich durchgeführt werden.

Zu 3.: Die Analyse der Expirationsluft mit Hilfe von URAS hilft bei der Ermittlung des zur adäquaten Ventilation notwendigen Atemvolumens, besonders bei Patienten mit schweren obstruktiven Ventilationsstörungen.

Hierbei wird der Totraum nach der vereinfachten BOHRschen Gleichung wie folgt berechnet:

$$V_D = V_T \frac{Pa\,CO_2 - P\overline{E}\,CO_2}{Pa\,CO_2}$$

$$\frac{V_D}{V_T} = \frac{Pa\,CO_2 - P\overline{E}\,CO_2}{Pa\,CO_2}$$

V_D = Totraumventilation,
V_T = Atemvolumen,
$Pa\,CO_2$ = arterieller Kohlensäuredruck,
$P\overline{E}\,CO_2$ = mittlerer expiratorischer CO_2-Druck.

Die mittlere expiratorische Kohlensäurekonzentration wird mit Hilfe von URAS in der im Douglas-Sack gesammelten Expirationsluft gemessen und daraus wird der Partialdruck des CO_2 errechnet.

Sofortmaßnahmen bei lebensbedrohlichen Störungen der Ventilation

Von **F. W. Ahnefeld** und **R. Dölp**

Wegen der bei einem bewußtlosen Patienten erloschenen Schutzreflexe, die insbesondere freie Atemwege garantieren, sollte grundsätzlich sofort eine Seitenlagerung hergestellt werden, um der möglichen Komplikation einer Aspiration vorzubeugen. Mit dieser in wenigen Sekunden durchzuführenden Maßnahme wird der Kopf zum tiefsten Punkt, so daß Blut, Schleim oder Erbrochenes nach außen abfließen können.

Liegt zusätzlich eine Störung der Atemtätigkeit vor, so gliedern wir die sich sofort an die Seitenlagerung anschließenden Maßnahmen in das Freimachen und Freihalten der Atemwege.

Hat der Bewußtlose bereits erbrochen, ist von außen her eine Blutung im Nasenrachenraum feststellbar oder sind Fremdkörper von außen in die Mundhöhle eingedrungen, so ist schnell und ohne jeden Zeitverlust die Mund- und Rachenhöhle zu reinigen, um dadurch eine freie Passage für die Atemluft zu erreichen. Der Mund wird hierbei mit dem ESMARSCHschen Griff geöffnet, die Mund- und Rachenhöhle anschließend entweder mit einem um zwei Finger gewickelten Taschentuch gereinigt oder aber bei flüssigem Inhalt mit einem an eine Absaugpumpe angeschlossenen Katheter abgesaugt.

Liegt ein Bewußtloser auf dem Rücken, so sinkt als Folge des fehlenden Spannungszustandes der Muskulatur der Unterkiefer mit der Zunge nach hinten. Die Zunge blockiert dann unvollständig, häufig jedoch auch vollständig die Atemwege im Rachenbereich. Hält dieser Zustand länger als 5 min an, so kann der Notfallpatient irreversible Schäden erleiden, evtl. sogar sterben, und zwar nicht an den Folgen der erlittenen Verletzung, sondern eben nur, weil er wegen der bestehenden Bewußtlosigkeit nicht mehr imstande ist, aus eigener Kraft die Atemwege freizuhalten. Es besteht kein Zweifel daran, daß die Überstreckung des Kopfes in den Nacken und das Anheben des Unterkiefers zu freien Atemwegen führt. Dabei liegt eine Hand auf der Stirnhaargrenze, die andere flach unter dem Kinn. Der Kopf wird nun soweit wie möglich, ohne jedoch Gewalt anzuwenden, nach hinten überstreckt. Setzt die Eigenatmung auch nach der exakten Überstreckung des Kopfes nicht ein, so besteht noch die Möglichkeit, daß durch eine vorausgegangene Erkrankung oder auch durch die Verletzung selbst die Nase verlegt ist. In solchen Zweifelsfällen wird daher der Mund für einen etwa querfingerbreiten Spalt geöffnet. Ein weiteres Öffnen ist nicht erforderlich und auch nicht angebracht, da mit jeder weiteren Öffnung des Mundes der Unterkiefer mit der Zunge nach hinten sinkt und somit erneut die Gefahr der teilweisen oder vollständigen Verlegung der Atemwege entsteht. Die beschriebenen Maßnahmen können durch das zusätzliche Einführen eines Oro- oder Nasopharyngeal-Tubus ergänzt und verbessert werden. Bei etwa 80% aller Bewußtlosen, die zunächst mit einer Atemstörung angetroffen werden, führt das Freimachen und Freihalten der Atemwege zu einer Normalisierung der Atemtätigkeit.

Bleibt der Patient trotz dieser Maßnahmen ohne Spontanatmung, so liegt eine Atemlähmung vor, die eine Indikation für die sofortige Beatmung darstellt. Hier bietet sich heute als Mittel der Wahl die Atemspende an, die als Mund-zu-Mund- und auch als Mund-zu-Nase-Methode zur Anwendung kommt und allen manuellen Methoden in der Wirkung weit überlegen ist. Die wesentlichsten Vorteile ergeben sich aus folgenden Gründen: Nur bei der Atemspende sind beide Hände frei, um durch eine exakte Kopfhaltung die Atemwege in jedem Falle freizuhalten und damit überhaupt die Voraussetzungen für einen ausreichenden Beatmungseffekt zu schaffen. Die Atemspende ist ohne jede Vorbereitung und ohne jedes Hilfsmittel praktisch in jeder Situation anwendbar. Selbst wenn bei einem Bewußtlosen noch eine vom Ersatzhelfer nicht erkannte Restatmung bestehen sollte, kann die Anwendung der Atemspende keinerlei Schädigung bei den Beatmeten hervorrufen. Sie kann ohne Gefahr selbst dann durchgeführt werden, wenn Verletzungen der oberen Gliedmaße oder des knöchernen Thorax vorliegen.

Die Mund-zu-Nase-Methode ist in jedem Falle zu bevorzugen, da der Ungeübte seinen Mund über der Nase des Verletzten besser abdichten kann und außerdem das Freihalten der Atemwege bei geschlossenem Mund sicherer zu erreichen ist. Außerdem wird der Einblasdruck in den Nasenhöhlen reduziert, womit weitgehend die Gefahr der gleichzeitigen Aufblähung des Magens entfällt. Zur Durchführung der Atemspende wird die bereits beschriebene Kopfhaltung hergestellt und zunächst 10–15mal schnell hintereinander insuffliert, um das bereits vorhandene Sauerstoffdefizit und die Kohlensäureanreicherung in möglichst kurzer Zeit zu beseitigen. Gleichzeitig wird der Beatmungseffekt am Heben und Senken des Thorax beobachtet. Dort, wo keine ausreichenden Thoraxbewegungen nachweisbar sind, muß nochmals die Kopfhaltung oder der Einblasdruck korrigiert werden. Die Beatmung wird anschließend mit einer Frequenz von 12–15mal pro min fortgesetzt. Über die Größe des erforderlichen Beatmungsvolumens geben die Thoraxexkursionen die beste Auskunft.

Bei Säuglingen und Kleinkindern geschieht das Freihalten der Atemwege in der gleichen Weise. Wegen des relativ großen Kopfes ist hier die Unterpolsterung der Schulterblattgegend anzuraten, um freie Atemwege herzustellen. Bei der Beatmung wird jedoch gleichzeitig durch den Mund und die Nase eingeblasen. In diesen Fällen sind wegen des wesentlich geringeren Fassungsvermögens der Lungen der Einblasdruck und die eingeblasene Luftmenge zu reduzieren und die Frequenz auf 20–40 pro min zu erhöhen.

Sollte sich der Helfer vor dem direkten Kontakt mit dem Verletzten scheuen, dann läßt sich durch das Auflegen eines Taschentuches oder eines anderen luftdurchlässigen Stoffes die Mund- und Nasenpartie des Bewußtlosen abdecken und dennoch die Atemspende mit gleichem Effekt durchführen.

Die zunächst als Sofortmaßnahme zur Anwendung gekommene Atemspende wird im weiteren Verlauf durch eine Maskenbeatmung oder auch endotracheale Intubation ersetzt.

Zusammenfassend darf festgestellt werden, daß jede Wiederbelebung mit der Normalisierung der Atemfunktion beginnt. Die Seitenlagerung, das Freimachen und Freihalten der Atemwege sowie die Beatmung mit Hilfe der Atemspende oder einfachen Geräten (Beatmungsbeutel) bringen in den meisten Fällen schon nach wenigen Minuten den Erfolg oder ermöglichen zumindest die Zeit zu überbrücken bis es gelingt, durch spezielle Maßnahmen oder eine spezifische Therapie die Ursache der eingetretenen Störung zu beseitigen.

Klinisch-therapeutische Maßnahmen

Von **H. Bergmann**

Wir müssen zunächst zwischen einfacher *Ventilationsstörung* und eigentlicher *respiratorischer Insuffizienz* unterscheiden (Tab. 1). Störungen der Ventilation können extrapulmonal oder pulmonal bedingt sein, sie lassen sich ferner in *restriktive* Veränderungen mit herabgesetzter Dehnbarkeit von Lunge bzw. Thorax und in *obstruktiv* entstandene Anomalien mit Widerstandserhöhung in den Atemwegen unterteilen. Eine Reihe zugehöriger Krankheitsbilder sind in Tabelle 1 angegeben. Mit zunehmendem Ausmaß der Ventilationsstörung kommt es schließlich zur respiratorischen Insuffizienz, die als Unfähigkeit des Respirationssystems, die arteriellen Blutgase im Normalbereich zu halten, definiert werden kann.

Tabelle 1. *Störungen der Ventilation*

Ventilation:	Bewegung von Gasvolumina zwischen Alveole und äußerer Umgebung
Ventilationsstörung:	extrapulmonal – pulmonal
	restriktiv (Dehnbarkeit $\downarrow$) *obstruktiv* (Atemwegswiderstand $\uparrow$)
	Fibrosierung Asthma bronchiale
	Schwarte, Erguß obstruktives Emphysem
	Pneu, Adipositas chronische Bronchitis
	Schmerz, Zwerchfellhochstand
	Deformität und Trauma d. Thorax
Respiratorische Insuffizienz:	Unfähigkeit des Respirationssystems, die arteriellen Blutgase im Normbereich zu halten

Als Formen der respiratorischen Insuffizienz (Tab. 2) werden nun je nach blutgasanalytischem Befund eine *Partialinsuffizienz* mit alleiniger Hypoxämie von einer *Globalinsuffizienz* mit Hypoxämie und Hyperkapnie unterschieden. Die Funktionsgrundlagen der Partialinsuffizienz sind summarisch in Tabelle 2 angeführt und sollen später besprochen werden, da nicht nur die Ventilation daran beteiligt ist. Die funktionelle Basis der Globalinsuffizienz stellt eine *alveoläre Hypoventilation* dar, die uns therapeutisch besonders beschäftigen soll. Die Übersicht muß schematisch gewertet werden, Kombinationsformen werden häufig angetroffen. *Alveoläre Hyperventilation* mit Hypokapnie und respiratorischer Alkalose treffen wir schließlich bei Schädel-Hirn-Traumen und beim septischen Schock sowie als Reaktionsbild der peripheren Chemorezeptoren dann an, wenn eine Hypoxämie ein bestimmtes Maß übersteigt.

Tabelle 2. *Formen der respiratorischen Insuffizienz*

	$P_{a_{O_2}}$	$P_{a_{CO_2}}$
1. *Partialinsuffizienz*	$\downarrow$	n
a) Verteilungsstörung ($\dot{V}A/\dot{Q} > 0,8$)		
b) Diffusionsstörung	Hypoxämie	
c) Art. ven. Kurzschluß		
(Re. Li. Shunt Herz)		
2. *Globalinsuffizienz*	$\downarrow$	$\uparrow$
Alveoläre Hypoventilation		
a) Zentrale Atemdepression	Hypoxämie	
b) Relaxanseffekt	und	
c) Atemwegsobstruktion	Hyperkapnie	
d) Verteilungsstörung ($\dot{V}A/\dot{Q} < 0,8$)		
Kombinationen und Mischformen häufig!		
(*Hyperventilation* alveolär)	$\downarrow$n	$\downarrow$
Schädel-Hirn-Traumen		
Septischer Schock	Hypokapnie	
Hypoxämie (periphere Chemo-Rp)		

Die *Therapie alveolärer Ventilationsstörungen* (Tab. 3) hat sich daher sowohl mit der Hyper- als auch mit der Hypoventilation zu beschäftigen. Dabei wird die Behandlung höhergradiger *Hyper*ventilationssyndrome vor allem den Zweck verfolgen, eine bis zur Erschöpfung gesteigerte Atemarbeit und den damit erhöhten O_2-Verbrauch ebenso wie die cerebrale Durchblutungsminderung infolge Vasokonstriktion günstig zu beeinflussen. Letzterer Faktor gilt allerdings nur dann, wenn das Gehirn selbst nicht geschädigt ist und man damit Umkehrmechanismen zu erwarten hat.

Die Therapie der alveolären *Hypo*ventilation muß darnach streben, die pathologisch veränderten arteriellen Blutgase wieder zu normalisieren. Ein ganzes Spektrum therapeutischer Möglichkeiten steht uns dazu zur Verfügung, es wird je nach Schwere des Falles sinnvoll ausgewählt kombiniert zur Anwendung gebracht werden müssen:

Schon mit konsequenter *Atemgymnastik* wird Rhythmus, Ablauf und Ökonomie der Ventilation zu bessern sein. Sinnvolle *Inhalationstherapie* mit bronchodilatorisch, entzündungshemmend oder sekretolytisch wirkenden Medikamentenaerosolen schafft ebenso wie *Lagerungsdrainage* und *Absaugen* mit Katheter oder Bronchoskop freie Atemwege, besseren Zugang der Wirkstoffe zum Erfolgsorgan und Minderung funktioneller Obstruktionen. Durch *Langzeitintubation* bis zu 7 Tagen oder *Tracheotomie* wird nicht nur die Voraussetzung zur Beatmung geschaffen, sondern auch der anatomische Totraum herabgesetzt. Die *Beatmung* selbst kann schließlich intermittierend über eine Maske oder prolongiert über den Tubus kontrolliert oder assistiert ausgeführt werden und läßt sich in letzterer Form auch zur *erweiterten Inhalationsbehandlung* verwenden. Dabei wird nicht nur das Atemzugvolumen erhöht, sondern auch die Verteilung von Medikamentenaerosolen und Sauerstoff verbessert, die Atemarbeit vermindert, werden Abhustvorgänge gefördert und die Bronchien mechanisch und medikamentös erweitert.

Tabelle 3. *Therapie alveolärer Ventilationsstörungen*

A. *Hyperventilation*
  1. Sedierung
  2. *Kontrollierte Beatmung*   Atemarbeit ↓
     (Relaxation – Normoventilation)   Sauerstoffbedarf ↓
                            cerebrale Vasoconstriction ↓

B. *Hypoventilation*
  1. *Atemgymnastik*   Ökonomie, Ablauf und Rhythmus
                           der Atmung ↑

  2. *Inhalationstherapie*
     (Medikamentenaerosole
     bronchodilatorisch
     entzündungshemmend   Schaffung freier Atemwege
     sekretolytisch   Obstruktion ↓
                           Wirkstoffeffekt ↑

  3. *Lagerungsdrainage* – Absaugen
                  (Katheter
                  Br. skop)

  4. *Langzeitintubation* (bis 7 Tage)   Beatmungsmöglichkeit,
     Tracheotomie VD_{anat} ↓

  5. *Beatmung*   Atemzugvolumen ↑
     Maske – Tubus   Medikamenten- und
     intermittierend – prolongiert   Sauerstoffverteilung ↑
     assistiert   – kontrolliert   Bronchodilatation ↑
     (erweiterte   (mech. u. medikamentös)
       Inhalationsbehandlung)   Atemarbeit ↓
                            Abhusten ↑

Spezielle therapeutische Maßnahmen bei therapieresistenten respiratorischen Störungen

Von **H. Bergmann**

Als Methode der Wahl bei der Behandlung der respiratorischen Azidose muß die *Beatmung* angesehen werden. Gelingt es nun nicht, trotz Ausschöpfung aller beatmungstechnischen Möglichkeiten (Respiratortyp, Höhe und Anstieg der Beatmungsdruckkurven etc.) das $PaCO_2$ ausreichend zu bessern oder zu normalisieren, so müssen zusätzliche medikamentöse Maßnahmen ergriffen werden.

Als Beispiel 1 sei der *Status asthmaticus* genannt (Tab. 1), bei dem ein Circulus vitiosus zwischen akuter Globalinsuffizienz, kombinierter dekompensierter respiratorischer Acidose, hypoxiebedingter pulmonaler Widerstandserhöhung, Rechtsherzbelastung und Versagen der bronchodilatorischen Therapie infolge der bestehenden Acidose vorliegt.

Tabelle 1. *Therapieresistente respiratorische Acidose*

Therapieresistenz: Trotz Beatmung keine Normalisierung des $PaCO_2$ zu erzielen

Beispiel: Status asthmaticus
 Circulus vitiosus: akute Globalinsuffizienz, kombinierte dekompensierte Acidose, pulmonale Widerstandserhöhung, Rechtsherzbelastung, medikamentöse Bronchodilatation spricht nicht an

Trispuffer zusätzlich
(Trishydroxymethylaminomethan, THAM)
Organischer, intracellulär wirksamer Puffer, der saure Valenzen bindet und im pH-Bereich des Organismus (7,4) wirksam ist

Applikation: Dauertropfinfusion von 500 ml 0,3 molarer Trislösung in 1 Std (150 mval). (0,15ml/min/kg, also etwa 10 ml/min)

Wirkung: $PaCO_2$ und PaO_2 gebessert, alveoläre Ventilation erhöht, pulmonaler Gefäßwiderstand und Beatmungsdruck gesenkt

---

Der Einsatz von *Trispuffer* als organischer, auch intrazellulärer Wirkstoff ist zur Bindung der sauren Valenzen in diesem Fall angezeigt und soll als Dauertropfer (500 ml 0,3 m, 1 Std), evtl. auch unter Blutgaskontrolle, appliziert werden. Dies entspricht einer Zufuhr von 0,15 ml/min/kg, also etwa 10 ml/min und 150 mval Tris pro Stunde.

Die Wirkung läßt sich durch ein Absinken des pulmonalen Gefäßwiderstandes und des Beatmungsdruckes, durch einen Abfall des $PaCO_2$ und einen Anstieg des PaO_2 nachweisen. Es erhöht sich die alveoläre Ventilation, die Korrektur der Acidose verbessert die Ansprechbarkeit auf bronchodilatorisch adrenergische Wirkstoffe, der bestehende Circulus vitiosus kann unterbrochen werden, eine Überwindung der akut prekären Situation wird möglich.

Als Beispiel 2 sei das schwere *chronisch obstruktive Lungenemphysem* angeführt, bei dem es durch eine aufgepropfte Infektion zur akuten Verschlechterung kommt (Tab. 2). Es verschlechtert sich damit die vorbestehende, gerade noch tolerable respiratorische Acidose, die medikamentös behandelt worden war, da eine Beatmung bei den vorliegenden irreversiblen Schäden keinen Dauererfolg erwarten hat lassen.

Tabelle 2. *Therapieresistente respiratorische Acidose*

Therapieresistenz: Hochgradige respiratorische Acidose
                      Beatmung (Blutgase) eigentlich indiziert
                      Dauererfolg nicht zu erwarten, daher konservative Behandlung

Beispiel: Schweres chronisches obstruktives Lungenemphysem
          (funktionell: Globalinsuffizienz mit metabolisch alkalotischem Kompensationsversuch)

Acetazolamid (Diamox)
Carboanhydrasehemmer, hemmt Katalyse von Bicarbonat zu CO_2, daher weniger Bildung von CO_2 ($PaCO_2$ sinkt) und vermehrte Ausscheidung von Bicarbonat (Rückresorption nimmt ab)
Applikation: 250 mg tägl., stoßweise, intermittierend

Der Einsatz von Respiratoren ist jetzt gerechtfertigt, führt allein jedoch zu keinem befriedigenden Erfolg.

In solchen Fällen von schwerer Globalinsuffizienz mit kompensatorischer metabolischer Alkalose erscheint der Versuch mit *Acetazolamid (Diamox)*, stoßweise intermittierend gegeben, angezeigt. Dieser Carboanhydrasehemmer schränkt nämlich die Katalyse von Bicarbonat zu CO_2 ein, so daß im Blut das $PaCO_2$ abnimmt. Er verhindert ferner die vermehrte Rückresorption von Bicarbonat in den Tubuli und es kommt zur erhöhten Ausscheidung alkalischer Valenzen. Als Teilfaktor der gesamten medikamentösen Behandlung erscheint dieser Weg bei den angegebenen Indikationen sinnvoll und erfolgversprechend.

Störungen der Diffusion und Verschiebung des normalen Belüftungs-Durchblutungsverhältnisses

Auswirkungen auf den Gasaustausch in der Lunge

Von **J. Grote**

1. Diffusionsstörungen in der Lunge sind die Folge von Veränderungen des normalen O_2-Diffusionskapazitäts-Perfusions-Verhältnisses. Sie treten auf nach einer Verkleinerung der Austauschfläche, nach einer Zunahme des Diffusionswiderstandes im Lungengewebe und im Blut oder nach einer Vergrößerung der Lungendurchblutung und gleichzeitiger Verkürzung der Zeitspanne für den Diffusionskontakt des einzelnen Erythrocyten mit der Alveolarluft (Abb. 1).

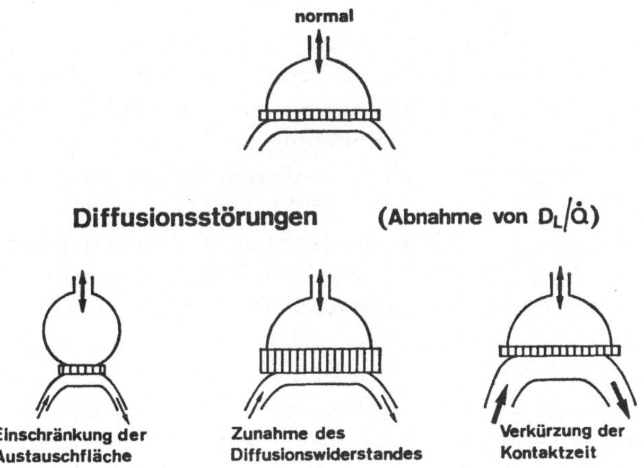

Abb. 1. Schematische Darstellung der verschiedenen Ursachen, die zu einer Diffusionsstörung in der Lunge führen können nach Thews.

Diffusionsstörungen führen zu einer verminderten Arterialisierung des Blutes in den Lungenkapillaren; der O_2-Druckanstieg und der CO_2-Druckabfall im Blut während des Durchflusses durch die Lungenkapillaren sind geringer als unter Normalbedingungen.

Da unter vergleichbaren Bedingungen CO_2 im Blut und Gewebe ca. 20mal schneller diffundiert als O_2 können Veränderungen des O_2-Diffusionskapazitäts-Perfusions-Verhältnisses zu einer Störung des O_2-Austausches in der Lunge und erniedrigten arteriellen O_2-Drucken führen, ohne daß gleichzeitig der CO_2-Austausch verändert ist.

2. Der Normalwert für das Ventilations-Perfusions-Verhältnis liegt zwischen 0,8 und 1. Ist das Ventilations-Perfusions-Verhältnis verringert als Folge einer Verminderung der Ventilation bei normaler Perfusion (alveoläre Hypoventilation) oder einer Vergrößerung der Perfusion bei normaler Ventilation, so treten im arterialisierten Blut gegenüber der Norm erniedrigte O_2-Drucke und erhöhte CO_2-Drucke auf (Abb. 2). Die vollständige

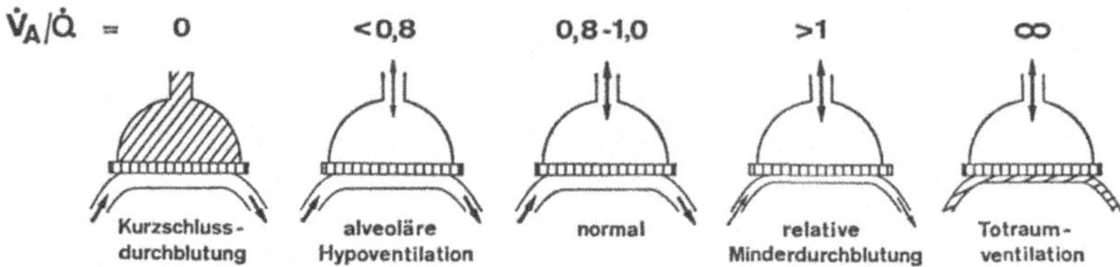

Abb. 2. Schematische Darstellung der unterschiedlichen Möglichkeiten für die Einstellung des Ventilations-Perfusions-Verhältnisses ($\dot{V}_A/\dot{Q}$) in der Lunge nach THEWS.

Unterbrechung der Ventilation eines Lungenabschnittes, der Extremfall einer alveolären Hypoventilation, führt zur funktionellen Kurzschlußdurchblutung. Wird der Normwert für das Ventilations-Perfusions-Verhältnis überschritten nach Verminderung der Perfusion bei normaler Ventilation oder Vergrößerung der Ventilation bei normaler Perfusion, so stellen sich im Lungenkapillarblut erhöhte O_2-Drucke und erniedrigte CO_2-Drucke ein. Unter diesen Voraussetzungen wird in erster Linie die CO_2-Abgabe vom Blut an die Alveolarluft beeinflußt. Trotz erhöhter O_2-Drucke im endkapillären Blut ist die Sauerstoffaufnahme unter normalen Temperaturbedingungen nur geringgradig verändert, da bereits bei den physiologischen O_2-Drucken im arteriellen Blut die O_2-Sättigung des Hämoglobins etwa 95% beträgt. Ist die Perfusion eines Lungenabschnittes vollständig unterbrochen, so tritt eine Totraumventilation auf, der zweite Extremfall für die Einstellung des Ventilations-Perfusions-Verhältnisses.

Diagnostische Fragen in der Reihenfolge der Dringlichkeit

Von **M. Halmágyi**

Die Störungen des Ventilations-/Perfusionsverhältnisses ($\dot{V}_A/\dot{Q}$) sowie die der O_2-Diffusionskapazität/Lungendurchblutung werden als Verteilungsstörungen 1. bzw. 2. Art bezeichnet.

Die *arterio-venöse Beimischung*, auch Shunt genannt, wird von den Verteilungsstörungen abgegrenzt. Bei dieser Störung der äußeren Atmung wird venöses Blut ohne Gasaustausch dem postkapillaren Lungenblut beigemischt. Die normale alveolo-arterielle Sauerstoffdruckdifferenz wird erhöht. Bestimmt man den arteriellen Sauerstoffdruck unter der Atmung reinen Sauerstoffs, so wird er nicht auf maximale Werte gehen. Gleichzeitig erhält man die Differentialdiagnose gegenüber den Verteilungsstörungen, da die Auswirkungen der Verteilungsstörungen auf den Arterialisierungseffekt durch die Sauerstoffatmung weitgehend behoben werden.

Bei Hypoventilation durch eine ungleichmäßige Verteilung des Atemvolumens normal durchbluteter Lungengebiete wird zwar kein venöses Blut, jedoch nicht genügend arterialisiertes Blut dem endkapillären Lungenblut beigemischt. Diese Form der Verteilungsstörungen 1. Art wird *ventilatorische Verteilungsstörung* genannt. Das Ventilations-/Perfusionsverhältnis der betroffenen Lungenabschnitte ist vermindert. Im Gegensatz zu einer Hypoventilation der Gesamtlunge fehlt oft die Hyperkapnie. Der Verlauf der CO_2-Konzentrationskurve in der Ausatmungsluft ist jedoch gegenüber der Norm verzögert.

Wird bei gleichmäßiger Verteilung des Ventilationsvolumens das Perfusionsvolumen ungleichmäßig verteilt, so reden wir von einer *zirkulatorischen Verteilungsstörung*. In diesem Falle entspricht der Verlauf der CO_2-Konzentrationskurve in der Ausatmungsluft der Norm, der arterielle P_{CO_2}-Wert liegt jedoch über dem mittleren CO_2-Druck in der Alveolarluft. Die Totraumventilation ist erhöht.

Zur exakten Diagnose der *Verteilungsstörungen 2. Art* besitzen wir heute noch keine am Krankenbett routinemäßig anwendbaren Methoden.

Alle vier besprochenen Störungen der Lungenfunktion haben in ihren Auswirkungen die arterielle Hypoxie gemeinsam. Die Differenzierung der Verteilungsstörungen 1. Art und der Shuntdurchblutung ist jedoch hinsichtlich der Therapie sehr wichtig. Die erforderlichen therapeutischen

Handlungen bei den einzelnen Störungen unterscheiden sich voneinander
wie die Behandlung der Atelektase sich z. B. von der einer Lungenembolie
unterscheidet.

Tabelle 1. *Diagnostische Fragen bei Verteilungsstörungen 1. und 2. Art und bei der
arterio-venösen Beimischung*

---

1. Sind die klinischen Zeichen einer Hypoxie wie Cyanose, Tachy- oder Bradyarrhythmie, Hyper- oder Hypotonie, Dyspnoe, Verwirrtheit oder Bewußtlosigkeit vorhanden?
2. Was besagt die physikalische Untersuchung der Lunge?
3. Ist der arterielle Sauerstoffpartialdruck unter Luftatmung und unter Gabe von
   100 % Sauerstoff adäquat?
4. Ist die alveolo-arterielle Sauerstoffdruckdifferenz unter Gabe von 100 % Sauerstoff erhöht?
5. Ist der physiologische Totraum vergrößert?
6. Ist der arterielle P_{CO_2}-Wert normal?
7. Ist der Verlauf der CO_2-Konzentrationskurve in der Ausatmungsluft normal?
8. Liegt der arterielle P_{CO_2}-Wert über dem durchschnittlichen CO_2-Druck in der
   Ausatmungsluft?
9. Was zeigt die Thoraxübersichtsaufnahme?
10. Welche Grundkrankheit oder Zweitkrankheiten sind für die bestehende
    Störung der Atemfunktion von ursächlicher Bedeutung?

Tabelle 2. *Die wichtigsten Grundkrankheiten bzw. Zweitkrankheiten bei Verteilungsstörungen 1. und 2. Art und bei der arterio-venösen Beimischung*

---

1. *Intrapulmonaler Shunt*
    Pneumonien
    Atelektasen
    Pneumothorax
    Bronchiektasen usw.

2. *Ventilatorische Verteilungsstörungen*
    Chronische Bronchitis
    Obstruktives Emphysem
    Asthma bronchiale
    Silikose usw.

3. *Zirkulatorische Verteilungsstörungen*
    Lungenthrombose
    Lungenembolie
    Pulmonale Hypertonie usw.

4. *Diffusionsstörungen*
    Lungenfibrose
    O_2-Schaden
    Lungenödem usw.

Die diagnostischen Fragen sind unter Berücksichtigung der Dringlichkeit in der Tab. 1 zusammengestellt.

Die Tab. 2 zeigt diejenigen Grundkrankheiten und Zweitkrankheiten, die für die einzelnen Störungen von ursächlicher Bedeutung sind.

Literatur

HALMÁGYI, M.: 5. Diagnostik und Überwachung. In: Lehrbuch der Anaesthesiologie und Wiederbelebung (Herausgeber: FREY, R., HÜGIN, W., MAYRHOFER, O.) 2. Aufl., S. 887–892. Berlin-Heidelberg-New York: Springer 1971.

Diagnostische Maßnahmen, Methoden und Geräte

Von **H. Bergmann**

Der Gasaustausch zwischen Alveole und Lungenkapillare geht bekanntlich als Diffusion, also als passive Molekularbewegung vom Ort höherer zum Ort niederer Konzentration vor sich. Die Diffusionsgröße wird von der Partialdruckdifferenz, von der Länge der Diffusionsstrecke, der Größe der Diffusionsfläche und von der durch Löslichkeit und Molekulargewicht der Gase bestimmten Diffusionsgeschwindigkeit abhängen. *Diffusionsstörungen* können daher entweder durch eine verdickte alveolokapilläre Membran mit verlängerter Diffusionsstrecke oder durch eine Verkleinerung der Diffusionsfläche entstehen. Entsprechende klinische Beispiele sind in Tab. 1 angeführt.

Tabelle 1. *Pathogenese und Klinik der Diffusionsstörungen*

---

1. *Alveolokapillärer Block*
   (Membranverdickung)
   normale Diffusionsstrecke 1–2 μ
   - Diffuse Fibrosierung
   - Interstitielle Pneumonie
   - Stauungslunge
   - Pneumokoniosen
   - Granulomatosen (Sarcoidose)
   - Respiratorbeatmung

2. *Kleine Diffusionsfläche*
   a) *Alveole*
   - Lungenödem
   - Zirrhöse Tbc
   - Atelektase
   - St. p. Lungenresektion

   b) *Kapillare*
   - Emphysem
   - Lungenambolie
   (Normale Kontaktzeit 0,2–0,3 sec)

Als Maß für die Größe der Diffusion gilt die sog. *Diffusionskapazität* (Tab. 2). Man versteht darunter diejenige Gasmenge, die pro Minute und pro mmHg mittlerer Druckdifferenz zwischen Alveole und Kapillarinnerem vom Blut aufgenommen wird. Für den Sauerstoff beträgt der Normalwert 25 ml. Als einfache Routine-Methode hat sich jedoch die Bestimmung der CO-Diffusionskapazität durchgesetzt. Sie wird als Quotient aus CO-Aufnahme/min und mittlerem alveolärem CO-Druck ausgedrückt und kann während eines einzelnen Atemzuges oder unter Gleichgewichtsbedingungen

Tabelle 2. *Diagnostik der Diffusionsstörungen*

---

1. Maß $=$ *Diffusionskapazität* D_L

Gasmenge, die in 1 min pro mmHg Druckdifferenz diffundiert
(Normalwert für $O_2 = 25$ ml/min/mmHg)

2. Meßmethoden

a) *CO-Diffusionskapazität* (DL_{CO})
Bestimmung während eines einzelnen Atemzuges (single breath) oder im Gleichgewicht (steady state).

b) *O_2-Diffusionskapazität* (DL_{O_2}) (komplizierter)
Thewssches Nomogramm
Bohrsches Integrationsverfahren
(mittlerer alveolärer, kapillärer und gemischtvenöser O_2-Druck sowie O_2-Aufnahme/min)
Annäherung: $DL_{O_2} = 1{,}23 \cdot DL_{CO}$

---

ermittelt werden. Die Messung der eigentlichen O_2-Diffusionskapazität ist wesentlich komplizierter, das Bohrsche Integrationsverfahren und ein Thewssches Nomogramm stehen dazu zur Verfügung. Ein Annäherungswert läßt sich durch Multiplikation der CO-Diffusionskapazität mit 1,23 errechnen. *Verteilungsstörungen* (Tab. 3) lassen sich als ungleichmäßige Ver-

Tabelle 3. *Arten der Verteilungsstörungen*

Verteilungsstörungen
sind der pathogenetische Grundbegriff für Störungen des Ventilations-Perfusions- und auch des Diffusions-Perfusions-Verhältnisses

Einteilungen:

1. ventilatorisch (Restriktiv und obstruktiv)
zirkulatorisch
diffusionsbedingt

2. Verteilungsstörung 1. Art $=$ patholog. $\dot{V}A/\dot{Q}$
2. Art $=$ patholog. $DL/\dot{Q}$

---

teilung und funktionelle Inhomogenität der Atmungsmechanismen über der Lunge definieren und stellen auch den pathogenetischen Grundbegriff für Störungen sowohl des Ventilations-Perfusions- als auch des Diffusions-Perfusionsverhältnisses dar.

Je nach dem betroffenen Funktionssektor der Respiration werden ventilatorisch restriktive und obstruktive von zirkulatorischen und diffusionsbedingten Verteilungsstörungen unterschieden. Inhomogenitäten des Ventilations-Perfusions-Verhältnisses lassen sich als Verteilungsstörungen 1. Art von Veränderungen des Diffusions-Perfusions-Verhältnisses (Verteilungsstörungen 2. Art) abgrenzen. Im Endeffekt führen alle diese Funktionsstörungen, die häufig kombiniert vorkommen, zur Abnahme des arteriellen O_2-Druckes.

Zur diagnostischen Abgrenzung der verschiedenen Formen (Tab. 4) steht uns eine Reihe von *Untersuchungsmethoden* zur Verfügung:

Tabelle 4. *Diagnose von Verteilungsstörungen*

---

1. *Bestimmung von Shuntvolumen und Totraumquotient* (Gleichungen)
   Shunt $\uparrow$ $\dot{V}A/\dot{Q} < 0,8$
   Totraum $\uparrow$ $\dot{V}A/\dot{Q} > 0,8$

2. *Atemmechanische Untersuchungen*
   a) IGT-FRK (Helium) > 0
   b) Schleifenbildung bei Resistance-Kurve
   c) Frequenzabhängigkeit von C_{dyn}

3. *Exspiratorische CO_2-Konzentrationskurven*
   (Formanalyse) – URAS – M

4. Anstieg von $AaDO_2$ (auch $aADCO_2$)

5. *Belastungsversuche*
   a) Ergometrie ... PaO_2 (verm.) steigt an
   b) Totraumvergrößerung ... $AaDO_2$ (erh.) nimmt ab

6. *Massenspektrographie* (Muysers und Smidt, Thews und Vogel)
   a) qualitative Formanalyse exspiratorischer Partialdruckkurven
      (Argon, CO_2, O_2)
   b) Bestimmung alveolärer Partialdrucke von O_2, CO_2 und N
   c) Simultan-Testgaseliminogramme (Auswaschkurven) $He/CO_2/O_2$ oder
      $He/N_2O/CO$

Die Berechnung des *Shuntvolumens* $\dot{Q}S/\dot{Q}T$ und des *Totraumquotienten* VD/VT nach bekannten Gleichungen gibt uns zunächst Anhaltspunkte für Größe und Richtung eines veränderten Ventilations-Perfusions-Verhältnisses.

Atemmechanische Untersuchungen wie die Bestimmung der dynamischen Compliance im Druck-Volumen-Diagramm, des intrathoracalen Gasvolumens und des bronchialen Strömungswiderstandes mit dem Ganzkörperplethysmographen sowie die Bestimmung der funktionelle Residualkapazität mit Heliumeinmischung lassen Schlüsse auf das Vorliegen einer ventilatorisch obstruktiven Verteilungsstörung zu.

Mit der Formanalyse von *exspiratorischen CO_2-Konzentrationskurven* lassen sich ventilatorisch-restriktive oder zirkulatorische Verteilungsstörungen von ventilatorisch-obstruktiven abgrenzen.

Eine erhöhte, normalerweise nur wenige mmHg betragende alveoloarterielle Sauerstoffdruckdifferenz ($AaDO_2$), die bei Belastung abnimmt, läßt ebenso wie die Besserung einer arteriellen Hypoxämie bei der Ergometrie ganz allgemein auf das Vorliegen von Verteilungsstörungen schließen. Die *Massenspektrographie* schließlich gestattet über eine qualitative Formanalyse exspiratorischer Partialdruckkurven von Argon, CO_2 und O_2, über die direkte Bestimmung alveolärer Gaspartialdrucke und über die Auswertung gleichzeitig geschriebener Auswaschkurven von Testgasen nicht nur eine Unterscheidung der einzelnen funktionellen Störungskomponenten sondern auch deren quantitative Erfassung.

Klinisch-therapeutische Maßnahmen

Von **R. Dudziak**

Eine rein diffusionsbedingte Verteilungsstörung ist klinisch, soweit zu übersehen ist, von geringer Bedeutung. Es gibt kaum eine Lungenerkrankung, die nicht mit einer Veränderung der „Diffusionskapazität" einher gehen könnte. Unabhängig davon, ob die Ursache der Abnahme des Diffusionsfaktors (DFO_2) in der Verdickung eines der Elemente des Luft-Blut-Weges oder einer Einschränkung der Lungenkapillaroberfläche und Verkürzung der Kontaktzeit zu suchen ist, ist ihre Behandlung gleich.

Nach übereinstimmenden, zahlreichen experimentellen und klinischen Befunden kann eine diffusionsbedingte Störung der Aufnahme von O_2 durch die Gabe von mehr als 25% Sauerstoff oder exakter ausgedrückt, durch das Erreichen einer alveolaren Sauerstoffspannung von mehr als 150 mmHg ausgeschaltet werden.

Der Alveolar-, Lungenkapillar-Sauerstoffdruckgradient ist in solchem Fall immer ausreichend groß, um am Ende der Lungenkapillare entsprechend hohe Sauerstoffsättigung zu erreichen.

Die Therapie der Störung des Ventilations/Perfusions-Verhältnisses ist demgegenüber wesentlich schwieriger. Die weit häufigste Form der Störung des Ventilations/Perfusions-Verhältnisses ist die gestörte Ventilation bei einer unverändert bleibenden Durchblutung, also jene Zustände, bei denen der Quotient Ventilation zur Durchblutung kleiner als 0,8 ist. Der Ursprung der Erkrankung kann extra- und/oder intrapulmonal sein. Die Therapie der Wahl ist die künstliche Beatmung mit Anwendung von Respiratoren. Man wird bemüht sein, mit der Wahl eines entsprechenden Atemvolumens das gestörte Verhältnis zwischen Totraumventilation und dem Atemzugvolumen zu korrigieren (s. S. 20) und somit die alveolare Ventilation der Durchblutung anzupassen. Der Anstieg der alveolaren Sauerstoffspannung, der Abfall der Kohlensäurespannung im Normbereich, signifikante Abnahme des Strömungswiderstandes sowie Senkung des Druckes in der Arteria pulmonalis sind die unmittelbaren Folgen einer richtigen Behandlung.

Die künstliche Beatmung muß unter der Berücksichtigung folgender Parameter durchgeführt werden:

1. alveolarer Sauerstoffpartialdruck,
2. Totraum/Atemvolumen-Verhältnis,
3. Gesamtsauerstoffverbrauch.

Hierzu ein Beispiel (s. Abb. 1): Bei einem Sauerstoffverbrauch von 300 cm²/min beträgt bei normalem, funktionellen Totraum von 30% des Atemminutenvolumens das Atemminutenvolumen 6,8 l. Bei Emphysematikern mit dem gleichen Sauerstoffverbrauch und einer Totraum-Ventilation von 0,6 ist zur Aufrechterhaltung des normalen Sauerstoffpartialdruckes eine Ruheventilation von 13 l erforderlich.

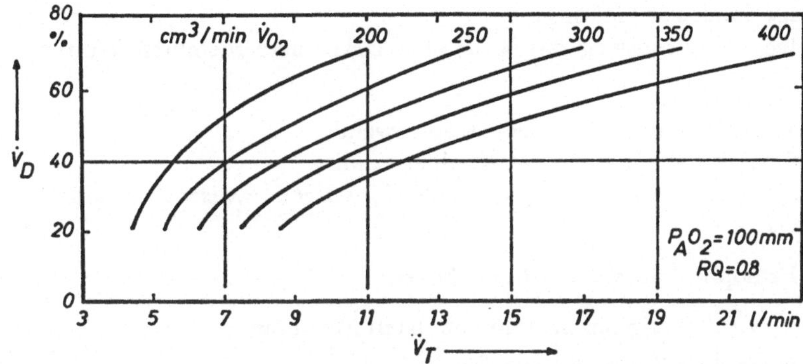

Abb. 1. Einfluß des V_D/V_T Verhältnisses auf die Gesamtventilation bei einem jeweils angegebenen Gesamtsauerstoffverbrauch des Organismus (Aus HERTZ, C. W., Störungen der Ventilation, Bad Oeynhausener Gespräche I, S. 154, 1957)

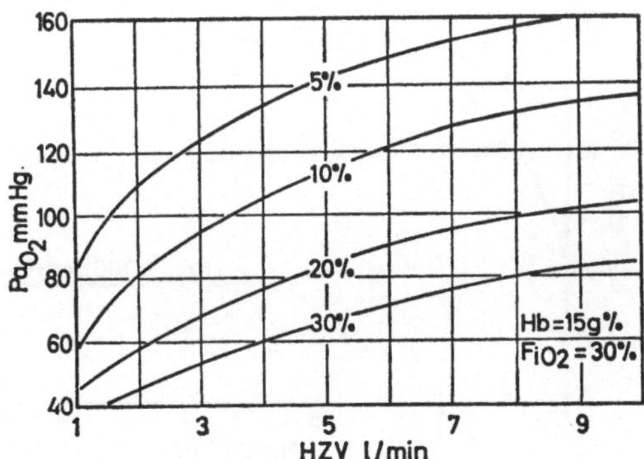

Abb. 2. Das Verhalten des arteriellen pO_2 (mmHg) in Abhängigkeit vom HZV und Shunt (Q_s/Q_T %) [Aus KELMAN, G. R. et al. Brit. J. Anaesth. 39, 450 (1967)]. Nähere Erläuterungen s. Text

Eine besondere Form der Ventilationsstörung ist der vaskuläre Kurzschluß, jener extreme Fall des gestörten Ventilations/Perfusions-Verhältnisses, bei dem entweder die nicht ventilierten Alveolen durchblutet werden oder das Blut der Arteria pulmonalis über anatomische Kurzschlüsse sofort auf die Lungenvenenseite geshuntet wird. Außerdem kann die Abnahme des HZV (Abb. 2) die Zusammensetzung der arteriellen Gase wesentlich beeinflussen. Die Therapie ist außerordentlich schwierig, da der arterielle Sauerstoffpartialdruck von der Shuntgröße abhängt. Sauerstofftherapie hat nur geringen Effekt, da das Lungenvenenblut, das mit den Alveolen Kontakt hatte, meistens schon bei Luftatmung hoch gesättigt ist. Die Differenz von 2,1 Vol.-%, die bei der Anwendung von 100% Sauerstoff zusätzlich zur Verfügung steht, kommt bei einer geringen effektiven Durchblutung der Lunge kaum zur Geltung.

Der Diffusionsweg durch die alveolarkapilläre Membran kann verlängert sein

1. durch Verdickung der Alveolenwand,
2. durch Verdickung der Kapillarwand,
3. durch Verlängerung der Diffusionsstrecke zwischen beiden Membranen.

Pathophysiologische Möglichkeiten:

1. Verdickung der alveolo-kapillaren Membran,
2. Verkleinerung des Alveolarraumes,
3. Verkleinerung der Kapillardiffusionsfläche,
4. Verkleinerung der Diffusionskonstanten des Kapillarblutes,
5. Verringerung der Kontaktzeit.

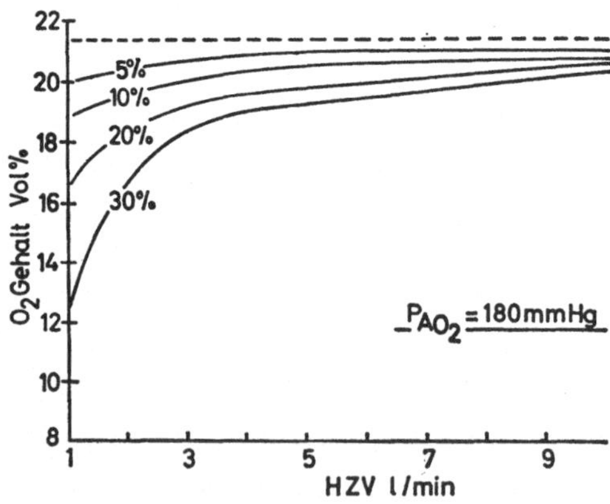

Abb. 3. Einfluß des Shunt (Q_s/Q_T %) auf den O_2-Gehalt des arteriellen Blutes bei einem gegebenen HZV (Abszisse). [Aus KELMAN, G. R. et al. Brit. J. Anaesth. **39**, 450 (1967)]

Abbildung 3 zeigt, daß bei einem konstanten HZV die Zunahme des Shuntblutes eine Abnahme des O_2-Gehaltes des arteriellen Blutes bewirkt und daß eine zusätzliche Abnahme des Herzzeitvolumens um $^1/_3$ (b. 3 l) zu einer weiteren Hypoxie führt.

B. STÖRUNGEN DER KREISLAUFFUNKTION UND IHRE THERAPIE

Einflußgrößen der Perfusion der Gewebe

Von **H. Bergmann**

Die *Perfusion der Gewebe* wird den Bedürfnissen des Organismus entsprechend durch ein Zusammenspiel von Regelkreisen des Herzens und des Gefäßsystems sowie neurohumoraler Regulationsmechanismen im Sinne der Homoiostase gewährleistet. Dabei steht die Aufrechterhaltung des *Herzzeitvolumens* im Mittelpunkt des Interesses, dieses Produkt aus *Herzfrequenz* und *Schlagvolumen* bestimmt zusammen mit dem *peripheren Widerstand* den Blutdruck als Erfolgskriterium.

Tabelle 1. *Einflußgrößen der Gewebsperfusion*

I. Cardial

1. *Schlagvolumen*
   Differenz zwischen enddiastolischem und endsystolischem Volumen

2. *Enddiastolisches Volumen*
   Füllungsmaximum des Ventrikels, abhängig vom Ventrikelfüllungsdruck (Druckdifferenz zwischen intraventrikulären und extracardialem Druck)

3. *Endsystolisches Volumen*
   am Ende der Systole im Ventrikel, von der Kontraktilität des Myokards (Coronardurchblutung, Sympathicotonus) beeinflußt

4. *Intraventrikulärer Druck*
   steht in Beziehung zum zentralen Venendruck (Blutvolumen, Kapazität des Niederdrucksystems)

5. *Extracardialer Druck*
   intrathoracal (Pleuraraum, Perikard)

Im einzelnen können als *kardiale Einflußgrößen* angeführt werden (Tab. 1): das *Schlagvolumen* als Differenz zwischen enddiastolischem und endsystolischem Volumen, das *enddiastolische* Volumen als Füllungsmaximum des Ventrikels, vom Ventrikelfüllungsdruck, also der Druckdifferenz zwischen intraventrikulärem und extracardialem Druck, abhängig, das *endsystolische* *Volumen*, das am Ende der Systole im Ventrikel verbleibt und von der Kontraktilität des Myokards (beeinflußt von Coronardurchblutung und Sympathicotonus) bestimmt wird. Schließlich der *intraventrikuläre Druck*, der in Beziehung zum zentralen Venendruck und damit zum Blutvolumen und zur Kapazität bzw. zum Tonus des Niederdrucksystems steht und der *extracardiale Druck*, der von den intrathorakalen Druckverhältnissen im Pleuraraum und auch im Perikard abhängt.

Tabelle 2. *Einflußgrößen der Gewebsperfusion*

II. Neurohumorale Mechanismen

  1. *Efferentes Herznervensystem*
    Nn. accelerantes, n. vagus
    Bestimmung der Herzfrequenz (Schrittmacher)

  2. *Gefäßnervensystem*
    α-adrenergische Vasoconstriction

  3. *Regulationsmechanismen*
    a) *Bulbäres Kreislaufzentrum*
      (Baroreceptoren im Karotissinus und Aortenbogen)
    b) *Renin-Angiotensin-Aldosteron-System*
      (Vasoconstriction: Angiotensin II
      Volumenzunahme: Aldosteron)
    c) *Hypothalamus-Hypophyse-Nebennierenrinde*
      (corticotropin releasing factor – ACTH – Cortisol)
    d) *Elektrolyte*
      (i. z. Na und e. z. K setzen bei Anstieg Gefäßmuskeltonus hinauf,
      auch Ca Anstieg erhöht elektromechanisch die Gefäßkontraktilität)

Unter den *nervösen Mechanismen* sind zunächst die *efferenten Herznerven* zu nennen (Tab. 2), die über die nn. cardiaci aus dem Halsteil des Grenzstranges und über die im ganglium nodosum umgeschalteten Vagusäste die Reizbildung im Schrittmacher des Sinusknoten, und damit die *Herzfrequenz* bestimmen. Das *sympathische Gefäßnervensystem* übt sodann mit seiner adrenergisch stimulierten Konstriktion eine allgemeine Kontrolle der Vasomotorik aus und bestimmt koordinierte Durchblutungsgrößen in den Teilkreisläufen Haut, Skelettmuskel, Splanchnikus und Niere, die alle kompensatorisch zugunsten von Herz und Gehirn eingeschränkt werden können.

An weiteren *humoralen Regulationsmechanismen* sind schließlich die *bulbären Kreislaufzentren* (spinaler n. sympathicus und nucl. dors. des n. vagus in der Rautengrube) zu nennen, die von Baroreceptoren im Karotissinus und im Aortenbogen beeinflußt werden und damit Herzfrequenz und Gefäßweite mitzubestimmen imstande sind. Das *Renin-Angiotensin-Aldosteron-*

System macht seinerseits Einflüsse auf Gefäßweite und Blutvolumen über Rezeptoren des juxtaglomerulären Apparates geltend und das Zusammenspiel von *Hypothalamus* (corticotropin releasing factor), *Hypophyse* (ACTH) und *Nebennierenrinde* (Cortisol) sichert die Ansprechbarkeit der Gefäße auf adrenergische Reize. Schlußendlich spielen bei der Regulierung des Gefäßmuskeltonus auch *Elektrolyte* wie Na^+ und K^+ mit ihrem Konzentrationsgefälle zwischen intra- und extrazellulär und Ca^{++} (elektromechanische Entkoppelung) eine gewisse Rolle.

Tabelle 3. *Einflußgrößen der Gewebsperfusion*

III. Terminale Strombahn

1. *Strömungsgeschwindigkeit* (flow)
   Herzzeitvolumen, Perfusionsdruck
   (Abnahme: Stase, Zellaggregate)

2. *Strömungswiderstand*
   Gefäßweite (R^4), Viscosität (Aggregate)

3. *Capillardurchlässigkeit*
   Filtrationsdruck (intravasaler D. + kolloidosmotischer Gewebs-D. − kolloidosmotischer Plasmadruck − interstitieller Druck)
   Humorale Mechanismen

Im Bereich der *terminalen Strombahn* (Tab. 3) selbst wird die *Strömungsgeschwindigkeit* vom Herzzeitvolumen und vom Perfusionsdruck bestimmt. Eine Abnahme dieser Größen führt zu Stase und Zellaggregaten, die neben der Gefäßweite und der Viskosität des Blutes den *Strömungswiderstand* mit beeinflussen können. Im Wechselspiel zwischen intravasaler und extrazellulär interstitieller Flüssigkeitsverschiebung und damit in Beziehung zum Blutvolumen soll schließlich noch die *Kapillardurchlässigkeit* Erwähnung finden, die abgesehen von humoralen Faktoren in der Hauptsache vom Filtrationsdruck, also der Summe aus intravasalem und kolloidosmotischem Druck der Gewebe minus dem kolloidosmotischen Plasmadruck und dem interstitiellen Druck beeinflußt wird.

Störungen der Herzfunktion

Auswirkungen kardiogener Faktoren auf die Perfusion der Gewebe

Von **M. Stauch**

Störungen der Gewebsperfusion aus kardialer Ursache lassen sich letztlich immer auf einen Punkt zurückführen: die Kontraktilität der Myokardzelle. Die Myokardzelle muß sich ausreichend verkürzen und dabei eine genügend hohe Spannung erzeugen, um den Gefäßwiderstand zu überwinden. Die Perfusion wird also durch Schlagvolumina ausreichender Größe pro Zeiteinheit bei einem Mindestblutdruck sichergestellt (Abb. 1).

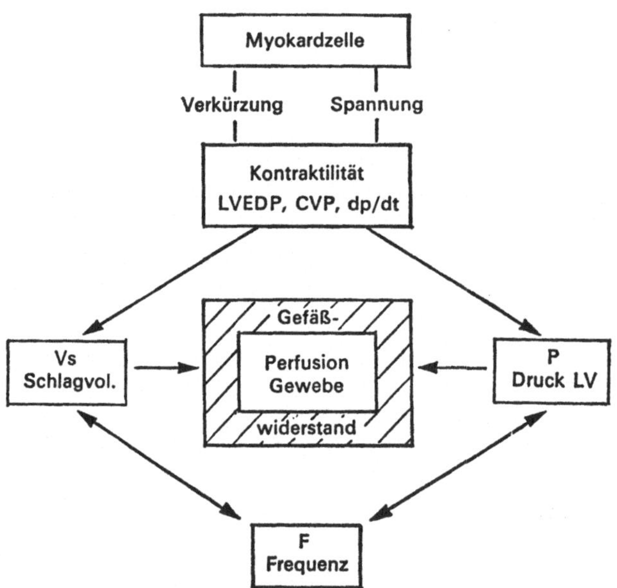

Abb. 1. Kardiale Faktoren für die Perfusion der Gewebe

Einen einheitlichen Parameter für die Kontraktilität gibt es nicht. Man kann entweder die Faktoren, die die Pumpleistung des Herzens bestimmen, dafür heranziehen, wie Füllungsdruck des linken (LVEDP) oder rechten Herzens (CVP), das Herzminutenvolumen, Ventrikelfunktionskurven usw.

oder die Parameter der Muskelleistung messen, wie die maximale intrakardiale Druckanstiegsgeschwindigkeit (max. *dp/dt*), maximale aortale Blutflußgeschwindigkeit, Kraft – Geschwindigkeit – Länge – Relationen des Muskels usw.

Die Kontraktilität des Herzmuskels wird beeinflußt durch das sympathische Nervensystem, durch zirkulierende Katecholamine und andere hormonale Substanzen und auch durch die Herzfrequenz. Die Herzfrequenz ist beim Normalen relativ wenig bedeutsam für die Größe des Herzminutenvolumens in Ruhe. Bei herabgesetztem Herzminutenvolumen infolge verminderter Kontraktilität führt eine Erhöhung der Frequenz oft zu einer Normalisierung des Herzminutenvolumens. Diese Erhöhung der Frequenz ist verbunden mit einer inhärenten Verbesserung der Kontraktilität.

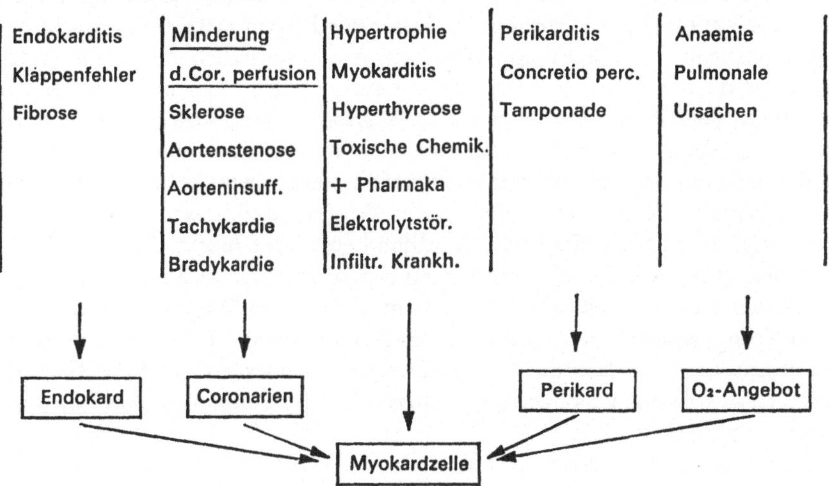

Abb. 2. Kardiale Ursachen für Störungen der Gewebeperfusion

Die Minderung der Kontraktilität der Myokardzelle kann durch Einflüsse verursacht sein, die sich *direkt auf die Myokardzelle* auswirken (Abb. 2). Unter den Ursachen sind hier besonders zu nennen: Die Hypertrophie der Herzmuskelfaser aufgrund einer hochgradigen Hypertonie, entzündliche Veränderungen des Herzmuskels, stoffwechselbedingte Ursachen wie die Hyperthyreose, toxische Chemikalien wie z. B. die Herzinsuffizienz, die bei überreichem Konsum von kobalthaltigem Bier beobachtet wurde, pharmakologische Einwirkungen wie Barbiturate in Überdosierung, Elektrolytstörungen und Krankheiten, die mit Infiltration des Myokards einhergehen, wie Amyloidose, Leukämie usw.

Die Kontraktion der Herzmuskelfaser kann aber auch auf dem Umweg über Störungen der anderen anatomischen Strukturen des Herzens beeinträchtigt sein. An erster Stelle steht hier die *Minderung der Koronarperfusion*, die zu einer Verminderung des Sauerstoffangebots an die Myokardzelle führt. Diese Minderung der Koronarperfusion kann direkt durch die stenosierende Koronarsklerose entstehen, wobei die Zufuhr von Blut an bestimmte Herzareale vermindert oder unterbrochen wird. Die Aortenvitien führen ebenfalls zu einer Minderung der Koronarperfusion, wobei der Sauerstoffbedarf durch die vermehrte Arbeit der Herzmuskelfasern noch gesteigert ist. Bei der Aortenstenose ist bei erhöhter Druckentwicklung des Myokards der Perfusionsdruck in den Koronararterien erniedrigt, bei der Aorteninsuffizienz ist insbesondere der diastolische Druck in der Aorta vermindert. Die Koronardurchblutung erfolgt vornehmlich in der Diastole, der sog. koronarwirksamen Diastole. Es treffen daher wiederum verminderter koronarer Perfusionsdruck mit erhöhter Arbeitsanforderung wegen der Klappeninsuffizienz zusammen. Unter den Rhythmusstörungen sind die hochgradigen Tachykardien, insbesondere bei zusätzlicher stenosierender Koronarsklerose, für ein plötzliches Versagen der Myokardzelle verantwortlich. Hier ist die koronarwirksame Diastole stark verkürzt, es kommt daher zu einer relativen Minderung der Koronardurchblutung bei erhöhtem Energiebedarf. Bei der Bradykardie stehen gewöhnlich die Zeichen der cerebralen Mangeldurchblutung im Vordergrund, bevor sich die Minderdurchblutung des Herzens wesentlich bemerkbar macht.

Erkrankungen des Endokards wirken sich auch indirekt auf die Kontraktilität der Herzmuskelfasern aus, aber nicht auf dem Wege der Perfusionsminderung, sondern durch Störung der Hämodynamik. Diese führt zu einer mechanischen Überlastung des Herzmuskels. Außerdem sind die Erkrankungen des Endokards häufig mit entzündlichen Veränderungen im Myokard kombiniert.

Erkrankungen des Perikards haben ebenfalls eine mehr mechanische Auswirkung auf die Myokardzelle. Bei der Perikarditis kommt es zwar auch immer zu einer entzündlichen Schädigung der Außenschicht des Myokards, jedoch ist in erster Linie die mechanische Behinderung der Herzmuskelbewegungen durch die Fibrosierung und schließlich Verkalkung des Perikards oder durch die Tamponade des Herzbeutels durch Erguß oder Blutung für die Herabsetzung des Herzminutenvolumens verantwortlich. Das Schlagvolumen wird hierbei durch die behinderte Beweglichkeit sehr klein, was durch eine hohe Frequenz kompensiert wird. Eine Frequenzsenkung durch Medikamente ist hier nicht angezeigt.

Ein *vermindertes O_2-Angebot* an die Herzmuskelfaser aufgrund von pulmonalen Störungen oder einer Anämie ist nicht als direkte kardiale Ursache anzusehen. Bei gleichzeitigem Bestehen anderer Erkrankungen, insbesondere der Koronarsklerose, treten Symptome der Störung der Gewebsperfusion früher auf als es bei normalem Sauerstoffgehalt des Blutes der Fall wäre.

Kardiale Ursachen für Störungen der Gewebsperfusion sind also in großer Zahl möglich. In den meisten Fällen sind sie jedoch vor einem chirurgischen Eingriff mit ausreichender Genauigkeit zu diagnostizieren und zu behandeln. Eine akute Behandlung ist bei plötzlichen Störungen notwendig, wozu besonders die Rhythmusstörungen gehören.

Diagnostische Fragen

Von **R. Dudziak**

Ich setze voraus, daß die zur Besprechung anstehende kardiogene Störung der Perfusion der Gewebe durch eine primäre Herzinsuffizienz bedingt ist und daß die Abnahme des Herzminutenvolumens (HZV), begleitet von einem Abfallen des arteriellen Druckes und einer gleichzeitigen Zunahme des venösen Druckes im Vordergrund steht.

Nach der Gleichung

$$\dot{V}_{O_2} = HZV \times AVDO_2 \tag{1}$$

$$HZV = \frac{\dot{V}O_2}{AVDO_2} \tag{2}$$

muß bei der Abnahme des HZV zur Deckung des oxydativen Stoffwechsels die $AVDO_2$ und damit die venöse Sauerstoffausschöpfung größer werden. Dieses nach FICK genannte Prinzip ist nicht nur die Grundlage der wichtigsten Bestimmungen des HZV, es kennzeichnet auch gleichzeitig die Beziehungen zwischen HZV und Gewebstoffwechsel. Ein erhöhter Bedarf der Peripherie kann dadurch gedeckt werden, daß das HZV gesteigert wird oder dadurch, daß die Sauerstofftransportfunktion des Blutes stärker ausgenutzt wird.

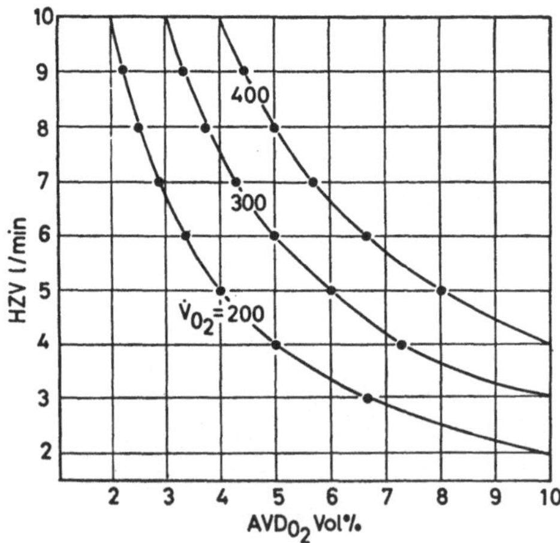

Abb. 1

Aus der Abb. 1 ist zu ersehen, daß z. B. eine Abnahme des HZV von 6 auf 3 l/min bei einem Sauerstoffverbrauch von 200 ml/min eine Zunahme der $AVDO_2$ um 4 Vol.-% erfordert. In einem solchen Fall wird die Sauerstoffversorgung der Gewebe nur dann gewährleistet sein, wenn die hohe $AVDO_2$ durch einen entsprechend hohen Sauerstoffgehalt des arteriellen Blutes kompensiert wird. Dies ist aber, wie bekannt, nicht unbegrenzt möglich. Die Steigerung des Sauerstoffbedarfes (Fieber) verschlechtert die Situation zusätzlich.

Die zu beantwortenden Fragen lauten also:

1. Wie hoch ist die zentralvenöse Sättigung und damit auch der venöse PO_2,

2. Wie groß ist die $AVDO_2$, denn sie allein definiert das Ausmaß der Insuffizienz und

3. Wie hoch ist das HZV.

Diagnostische Maßnahmen, Methoden und Geräte

Von **M. Stauch**

Zur Beantwortung dieser Frage sind die wichtigsten Maßnahmen auf der Tabelle 1 in zwei Gruppen eingeteilt. Die erste Gruppe beinhaltet die wohl überall verfügbaren, eigentlich selbstverständlichen Untersuchungen. Bei diesen Parametern kommt es insbesondere auf die Häufigkeit und Genauigkeit der Kontrolle, sowie auf den Zeitpunkt des Beginns der Kontrolle an. Die *Herzfrequenz* erfordert bei Über- bzw. Unterschreiten der

Tabelle 1. *Messungen zur Differenzierung der Therapie*

I	
1. Herzfrequenz	$> 150/min$ $< 40/min$?
2. Blutdruck (RR)	< 90 mmHg syst.?
3. Röntgen Thorax	Herzgröße, Lunge, Katheterlage?
4. Dauerkatheter	Urinmenge < 30 ml/h?
5. EKG	Reizbildung, Reizleitung, Infarkt, Lungenembolie?
6. Laboruntersuchungen	CPK, GOT, Elektrolyte, BSG, HK, Harnstoff, Leuko, BZ?

II	
1. Zentraler Venendruck	Verhalten auf Infusionen?
2. Blutgasanalyse	pH, pCO_2, pO_2?
3. Blutige Blutdruckmessung	Pm < 70 mmHg?
4. O_2-Sättigung, ven. Mischbl.	70% – 55% – 45%?
	Insuff. Schock
5. Druck Art. pulm.	$P_{diast} \sim$ LVEDP?

Grenzen 150 und 40/min aggressive Maßnahmen, z. B. Kardioversion bei Tachykardien verschiedener Genese oder Schrittmachertherapie bei Bradykardien. Zur Kontrolle des *Blutdrucks* ist bei Werten unter 90 mmHg systolisch wenn möglich die blutige Blutdruckmessung einzusetzen, da bei länger dauernder Hypotonie mit Zentralisation des Kreislaufs eine Messung über die Korotkofftöne nur sehr ungenau, wenn überhaupt möglich ist. Die *Röntgenaufnahme* des Thorax wird nicht nur zur Beurteilung von Herzgröße und Lungenstauung, Erguß usw. benötigt, sondern sie sollte auch möglichst bald nach dem Einführen eines zentralen Venenkatheters angefertigt werden, um die Katheterlage zu kontrollieren. Besonders bei der Einführung eines Katheters von einer peripheren Armvene gelangt der Katheter manchmal statt in den Vorhof in eine Halsvene. Nach Einführen eines *Blasendauerkatheters* ist es wichtig, die Urinmenge wenigstens stündlich zu kontrollieren, wenn kardiogene Störungen der Gewebsperfusion vorliegen. Das ungefähre Ablesen, wenn der Beutel voll ist, genügt nicht. Das EKG dürfte mit die wichtigste Rolle in der Differenzierung der Therapie spielen. Die *Laboruntersuchungen* zur Stützung oder zum Ausschluß der Diagnose eines Herzinfaktes sind dann jeweils bei anderen Störungen zu erweitern, z. B. Blutkulturen bei Verdacht auf subakute bakterielle Endokarditis.

Die zweite Gruppe enthält die etwas aufwendigeren Verfahren, die bei schweren kardiogenen Störungen der Gewebsperfusion von Nutzen sind. An erster Stelle steht hier die Messung des *zentralen Venendrucks*. Dieser zeigt eine relativ weite Streuung der Normalwerte bei verschiedenen Individuen (GAUER et al. 1956). Er ist auch nicht gut mit den gleichzeitig gemessenen Blutvolumina bei Patienten im kardiogenen Schock korreliert (COHN, 1967). Ein einzelner gemessener Wert gibt daher nur einen schlechten Anhalt für die weiter einzuschlagende Therapie. Den größten Wert hat die Messung des Verhaltens des zentralen Venendrucks auf therapeutische Maßnahmen, insbesondere bei Volumenexpansion. Wenn der Volumenmangel im Vordergrund steht und die myokardiale Insuffizienz weniger bedeutsam ist, wird sich durch Infusion von Plasmaersatzmitteln eine Verbesserung der peripheren Perfusion zeigen, ohne daß der zentrale Venendruck dabei wesentlich ansteigt. Wenn er dagegen schnell steigt, steht die myokardiale Insuffizienz an erster Stelle und muß entsprechend mit Digitalis und evtl. anderen positiv inotrop wirksamen Pharmaca behandelt werden. COHN (1967) u. Mitarb. schlagen die Infusion von 500 ml Dextran in 15–20 min vor. Eine Erhöhung des Venendrucks um 3 cm Wasser mit jeder zusätzlichen Infusion von 100 ml zeigt an, daß das Myokard die Kompensationsgrenze überschritten hat und durch zusätzliche Drucksteigerung nur schlechter wird. Die Registrierung des zentralen Venendrucks als Füllungsdruck des rechten Ventrikels erlaubt keine Schlüsse auf die Höhe des enddiastolischen Drucks im linken Ventrikel. Veränderung des zentralen Venendrucks auf Pharmaca oder Infusionen dient aber als guter Indikator für das Verhalten des enddiastolischen Druckes im linken Ventrikel (COHN u. Mitarb. 1969). Der zentrale Venendruck sollte nicht mehr als 8 cm Wasser betragen. Bei Patienten mit myokardialer Insuffizienz kann jedoch die Aufrechterhaltung eines erhöhten zentralen Venendrucks von 12–15 cm Wasser notwendig sein, um ein optimales Herzminutenvolumen zu erzielen (COHN, 1967).

Blutgasanalysen werden mit zunehmender Kreislaufinsuffizienz immer wichtiger. Bei kardiogenen Störungen sind in erster Linie das pH und

pO_2 für die Therapie zu berücksichtigen. Die Abnahme des Blutes vom hyperämisierten Ohrläppchen ist allerdings bei der Kreislaufinsuffizienz problematisch; die Direktentnahme des Blutes aus einer Arterie ist vorzuziehen. Wenn daher eine blutige Blutdruckmessung vorgenommen wird, kann das Blut aus dem Katheter in der Arterie entnommen werden.

Für die *blutige Blutdruckmessung* verwenden wir einen Einschwimmkatheter, der gekürzt ist und über eine Braunüle nach Punktion der Art. brachialis eingeführt wird. Mit der Druckmeßanlage von LIECHTI wird dieser Katheter fortwährend gespült und läßt sich über Tage ohne Schwierigkeiten zur Druckmessung verwenden. Hiermit kann auch einfach auf elektrischem Wege der arterielle Mitteldruck bestimmt werden. Auch kann die Pulswelle zur Messung der Herzfrequenz zuverlässig verwendet werden, was bei unruhigen Patienten auf dem elektrokardiographischen Weg häufig schwierig ist und zu falschen Alarmauslösungen führt. Der arterielle Mitteldruck sollte wenigstens 70 mmHg betragen. Unterhalb dieses Wertes wird die Koronarperfusion, aber auch die periphere Perfusion zu gering. Erst die blutige Blutdruckmessung ermöglicht gerade im kardiogenen Schock im Zusammenhang mit der Messung des zentralen Venendrucks die Abstimmung der Therapie mit Volumenersatz, kardiostimulatorischen und vasokonstriktorischen Pharmaca.

Die *Messung der Sauerstoffsättigung* im venösen Mischblut gibt Auskunft über die venöse Ausschöpfung und damit einen Anhalt für das Herzminutenvolumen. In einer Untersuchung von GOLDMANN u. Mitarb. (1968) wurde bei 31 Patienten mit Herzinfakt die O_2-Sättigung im rechten Vorhof gemessen. Bei einer Sättigung unter 60% bestand meistens auch klinisch der Nachweis einer Herzinsuffizienz, unter 45% lagen Zeichen des Schocks vor. Die Messung dieses Parameters ist weniger für die Diagnose des Zustands des Patienten wichtig, als für die Beurteilung des Verlaufs therapeutischer Maßnahmen. Venöses Mischblut ist aus einem Einschwimmkatheter aus der Art. pulmonalis zu bekommen. Ersatzweise kann auch das Blut aus dem Venenkatheter zur Messung des zentralen Venendrucks entnommen werden. Zwar können die Werte innerhalb der Hohlvenen und des Vorhofs sehr stark schwanken; wenn der Katheter an derselben Stelle liegen bleibt, kann die Blutabnahme aber auch aus dem Vorhof erfolgen.

Ein weiterer wertvoller Parameter für die Beurteilung von Verlauf und Therapie ist die Messung des *Druckes in der Art. pulmonalis*. Der diastolische Druck in der Art. pulmonalis entspricht weitgehend dem enddiastolischen Druck im linken Ventrikel, sofern keine Mitralstenose oder schwere pulmonale Komplikationen vorhanden sind.

Andere Kreislaufparameter können ebenfalls zur Differenzierung der Therapie beitragen. Die Messung des Herzzeitvolumens ist mit der Thermodilutionsmethode und direkter Auswertung zwar nützlich, aber für die Therapie nicht so sehr bedeutsam. Dazu kommt, daß mit zunehmender

Herzinsuffizienz die Ergebnisse unzuverlässig werden, da die Kälteverdünnungskurve sehr breit wird. Auch die Messung der Kreislaufzeiten gibt keine sehr zuverlässigen Werte, sei es mit Hilfe von Farbstoffen oder noch weniger zuverlässig mit den subjektiven Methoden wie Äther-Decholin. Die Messung des peripheren Venendrucks ist zwar besser als keine Messung des Venendrucks, jedoch sollte der zentrale Venendruck vorgezogen werden.

Bei allen diesen apparativ gewonnenen Daten muß man immer Fehlermöglichkeiten einschließen und eine Überprüfung der Ergebnisse durch Vergleich mit dem klinischen Zustandsbild des Patienten versuchen.

Literatur

COHN, J. N.: Central venous pressure as a guide to volume expansion. Ann. intern. Med. **66**, 1283 (1967).
— LURIA, M. H., DADDARIO, R. C., TRISTANI, F. E.: Studies in clinical shock and hypotension. V. Hemodynamic effects of dextran. Circulation **35**, 316 (1967).
— TRISTANI, F. E., KHATRI, I. M.: Studies in clinical shock and hypotension. VI. Relationship between left and right ventricular function. J. clin. Invest. **48**, 2008 (1969).
GAUER, O. H., HENRY, J. P., SIEKER, H. O.: Changes in central venous pressure after moderate hemorrhage and transfusion in man. Circulat. Res. **4**, 79 (1956).
GOLDMAN, R. H., KLUGHAUPT, M., METCALF, T., SPIVACK, A. P., HARRISON, D. C.: Measurement of central venous oxygen saturation in patients with myocardial infarction. Circulation **38**, 941 (1968).

Sofortmaßnahmen bei lebensbedrohlichen Störungen

Von J. Eckart

Störungen der Herzmuskelkontraktilität, der Herzrhythmik und die mechanische Behinderung der Herzauswurfleistung können durch eine Abnahme des Herzzeitvolumens zu einer unzureichenden Blutversorgung der Körperperipherie und mit Entwicklung einer Gewebshypoxidose zum Vollbild des kardiogenen Schockes führen.

Tabelle 1. *Therapeutische Maßnahmen bei cardiogenen Störungen der Gewebsperfusion*

A. *Akute myogene Herzinsuffizienz z. B. Herzinfarkt*
   1. Sedierung und Schmerzbekämpfung
   2. Beseitigung einer arteriellen Hypoxie: Sauerstoffnasensonde
   3. Digitalisierung
   4. Regulierung des venösen Rückstromes zum Herzen
      a) Stauungsinsuffizienz: Lagerung im Herzbett. Unblutiger Aderlaß
         Schnellwirkende Diuretica: Lasix, Hydromedin
      b) Lungenödem: Überdruckbeatmung
         Bei Hypotension: Alupent 5–15–(20) gamma/min
         Bei ausgeprägter Hypertension: Regitin. (Initialdosis 0,5 mg oder weniger/min im Dauertropf)
   5. Behandlung der arteriellen Hypotension
      a) mit Bradykardie: Atropin, Alupent
      b) mit Abnahme des peripheren Widerstandes: Arterenol, 3–8 gamma/min
         Nach Eingriffen am Herzen auch Suprarenin 3–10 gamma/min
      c) mit Zunahme des peripheren Widerstandes: Alupent
   6. Behandlung des kardiogenen Schockes: Alupent? Arterenol?

B. *Mechanische Behinderung der Auswurfleistung z. B. beim Herzbeutelerguß oder bei Herzbeuteltamponade*
   1. Punktion oder operative Entlastung
   2. Diuretica

C. *Lungenembolie:*
   1. Medikamentöse Therapie der arteriellen Hypotension
   2. Streptasebehandlung: Initialdosis 250 000 E i.v., dann stündlich 100 000–150 000 oder
   3. operative Verfahren

Tabelle 2. *Therapie bedrohlicher Herzrhythmusstörungen*

A. *Atrioventrikuläre Überleitungsstörung*

1. Betareceptorenstimulation: Alupent 5–15–(20) gamma/min
2. Temporäre transvenöse Stimulation
3. Schrittmacher-Implantation

B. *Asystolische Form des Adams-Stokes-Syndroms*

1. Externe oder interne Herzmassage
2. Beatmung
3. Medikamentöse Therapie: Fraktionierte i.v. Gabe von Alupent, Calcium, Suprarenin. Beseitigung einer metabolischen Acidose

C. *Supraventrikuläre Tachykardie*

1. Vagusstimulation: Carotis- oder Bulbusdruck, Valsalva, Kältereiz
2. Medikamentöse Therapie: Gilurytmal 50 mg i.v. in 1–3 min
Isoptin 5–10 mg i.v., Betareceptorenblocker wie Aptin oder Dociton nach Wirkung
3. Selten: Kardioversion

D. *Tachykarde absolute Arrhythmie bei Vorhofflimmern oder Flattern*

1. Medikamentöse Therapie: Digitalis-Präparate. Chinidin (auch i.v. als Rhythmochin, 1 Ampulle in 3–5 min
2. Externe Kardioversion (100–200 WS): Wenn möglich Vorbehandlung mit Chinidin 0,3–0,4 g per os oder mit Rhythmochin

E. *Gehäufte ventrikuläre Extrasystolen*

Medikamentöse Therapie: Gilurytmal i.v. anschließend Dauertropf mit 0,5 mg/min, Xylocain 1–2 mg/kg i.v., im Dauertropf 1–2–4 mg/min, Phenhydan 6 mg/kg alle 15 min bis maximal 600–1000 mg

F. *Kammertachykardie und Kammerflattern*

Medikamentöse Therapie: Xylocain, Phenhydan, Novocamid, 100 mg langsam i.v., evtl. wiederholen in gleicher Dosierung
Tromcardin 1–3 Ampullen langsam i.v.

G. *Kammerflimmern*

1. Externe bzw. interne Herzmassage
2. Beatmung
3. Beseitigung der metabolischen Acidose
4. Elektrische Defibrillation
5. Zur Rezidivprophylaxe: Tromcardin, Xylocain

Bei der Behandlung derartiger Störungen ist zwischen allgemeinen und speziellen Maßnahmen zu unterscheiden. Während die Anwendung besonderer Therapieverfahren oder einzelner Medikamente durch die Art und Aktualität der zugrundeliegenden Störung bestimmt wird, kommt der Behandlung von Störungen des Elektrolyt- und Säurebasenhaushaltes von Hypoxie und Hyperkapnie eine allgemeingültige Bedeutung zu.

Auf die verschiedenen in den beiden Tabellen zusammengefaßten therapeutischen oder medikamentösen Maßnahmen kann hier nicht näher eingegangen werden. Zwei Punkte bedürfen aber einer kurzen Erläuterung. Die Empfehlung zur Anwendung von Alupent oder Arterenol beim kardiogenen Schock wurde bewußt mit einem Fragezeichen versehen, da die schlechte Prognose dieser Patienten auch durch Verabreichung der genannten oder anderer kreislaufwirksamer Pharmaca nicht zu verbessern ist. Der zweite Hinweis betrifft die Verordnung von Chinidin bei Vorhofflimmern oder -flattern. Eine medikamentöse Regularisierung der Vorhoftätigkeit sollte grundsätzlich nur dann angestrebt werden, wenn selbst hohe Digitalisdosen nicht zu einer entscheidenden Senkung der Kammerfrequenz führen, da bei anhaltend hoher und unregelmäßiger Frequenz mit einem zunehmenden Abfall des Herzminutenvolumens zu rechnen ist.

Während Chinidin unter der genannten Voraussetzung das Mittel der Wahl bei Vorhofflimmern darstellt, ist bei Vorhofflattern Chinidin nur dann indiziert, wenn – gegebenenfalls durch Digitalisverabreichung – eine höhergradige AV-Blockierung vorliegt, da bei jeder 2:1 Blockierung die Gefahr einer lebensbedrohlichen Kammertachykardie durch Wegfall der Überleitungsblockierung besteht.

Medikamentöse Therapie

Von **M. Stauch**

Die kardiogenen Störungen der Gewebsperfusion werden zum Zwecke der Therapie in 4 Gruppen eingeteilt (Tab. 1 u. 2): Tachykardien, Bradykardien, akutes Linksherzversagen mit Lungenödem und Myokardinfarkt mit Schock. Unter den Tachykardien kann man vereinfachend zum Zweck der Therapie 2 Gruppen bilden (Tab. 1): die eine Gruppe, bei der die Kammertachykardie durch Rhythmusstörungen im Vorhofbereich bedingt ist, und eine zweite Gruppe, bei der die Tachykardie von Reizherden der Kammer ausgelöst wird.

Die Zahl der verfügbaren Antiarrhythmica kann etwas verwirrend sein. Deshalb soll hier vereinfachend dargestellt werden, daß bei allen Rhythmusstörungen vom Vorhofbereich zu allererst Digitalis gegeben werden kann und soll. Wenn es sich um Vorhofflimmern oder Vorhofflattern handelt, manchmal auch bei einer supraventrikulären Tachykardie wird durch Digitalis die Überleitung auf die Kammer gehemmt und damit eine Verlangsamung der Kammerfrequenz und Besserung der Gewebsperfusion erreicht. Erst dann befaßt man sich mit der Beseitigung der Rhythmusstörung im Vorhofbereich. Man kann alle Digitalisglykoside verwenden; es ist jedoch nützlich, sich die Dosierung und Anwendung eines Digitalispräparates zu merken. Digoxin ist durch die schnellere Abklingquote leichter in der Dosierung zu handhaben als Digitoxin. Außerdem ist die Zeit bis zum Wirkungseintritt mit 20 min relativ kurz. Eine Hemmung der Überleitung und auch manchmal eine Beseitigung der Rhythmusstörung kann man auch durch zusätzliche Gabe von Beta-Receptorenblockern wie Aptin intravenös erreichen. Auch Isoptin hat sich in einer Dosierung von 5–10 mg bei supraventrikulärer Tachykardie bewährt. Eine Blutdrucksenkung muß jedoch beobachtet werden.

Im Gegensatz zu dieser ersten Gruppe ist bei der zweiten Gruppe der ventrikulären Tachykardien die Therapie nicht mit Digitalis zu beginnen. Hier hat sich Xylocain in der Dosierung von 1 mg/kg i.v. bei langsamer Injektion bewährt. Bei zu schneller Injektion treten cerebrale Krampferscheinungen auf. Zur oralen Weiterbehandluung sind Beta-Receptorenblocker geeignet, vor allem das Practolol, das jedoch in Deutschland noch nicht im Handel ist. Für das Kammerflimmern ist hier medikamentös nur

die Gabe von Calciumchlorid und Natriumbikarbonat angeführt, aber
selbstverständlich ist zuerst die Kardioversion vorzunehmen. Prinzipiell
lassen sich alle Tachykardien durch elektrische Kardioversion behandeln,
die Notwendigkeit zu diesem Einsatz ist jedoch nicht überall gleich. Sie
steigt in der durch das Dreieck (Tab. 1) angegebenen Weise zum Kammerflimmern, das als 100%ige Indikation angesehen werden muß.

Tabelle 1

Tachykardie	Soforttherapie	
Supraventrikulär Vorhofflimmern Vorhofflattern	Digoxin 0,5–1 mg i.v. evtl. 0,25 mh 2stdl. Aptin bis 10 mg i.v. Isoptin 5–10 mg i.v.	Indikation zur elektrischen Kardioversion
Ventrikulär parox. Ventrikuläre ES Salven Kammerflattern Kammerflimmern	Xylocain 1 mg/kg i.v. Cave Digitalis Practolol $CaCl_2$ 10 ml, $NaHCO_3$ 100 mval	
Bradykardie		
Totaler AV Block Sinuatrialer Block	Alupent Infusion 10 ml/500 ml, 1 ml V. jug.	Schrittmacher extern *intern*

Andere Antiarrhythmica sind auf der Tabelle nicht aufgeführt. Zunächst kommt es bei Störungen der Gewebsperfusion darauf an, die Perfusion zu verbessern. Erst später kann man daran gehen, den Rhythmus
ganz zu normalisieren. Bei digitalisbedingten ventrikulären Extrasystolen
hat sich z. B. Diphenylhydantoin bewährt. Nach Beseitigung von Vorhofflimmern durch Kardioversion wird Chinidin als Dauermedikation gegeben,
um ein Recidiv zu verhindern. Chinidin ist als intravenöse Injektion jedoch
nicht mehr gebräuchlich. Bei Vorhofflattern darf Chinidin nicht vor Digitalis gegeben werden. Die Vorhoffrequenz wird durch Chinidin erniedrigt,
und dadurch kann ein zuvor bestehender 2: 1- oder 3: 1-Block bei zwar
niedriger Vorhoffrequenz in eine 1: 1-Überleitung übergehen, die dann
eine höhere Kammerfrequenz zufolge hat.

Für die *Behandlung der Bradykardien* gibt es relativ wenig Möglichkeiten,
die dafür aber umso zuverlässiger sind. Bei sinuatrialem Block kommt man
zunächst mit Alupent-Infusionen aus, häufig ist jedoch auch dann die Implantation eines Schrittmachers notwendig. Beim totalen AV-Block kann
Alupent manchmal selbst in höchster Dosierung keine ausreichende Stimulation der Kammer herbeiführen. Deshalb wird zunächst über eine peri-

phere Vene eine Schrittmacherelektrode in das rechte Herz gelegt, um dann nach Stabilisierung des Kreislaufes und Sicherung einer ausreichenden Herzfrequenz die Implantation eines Schrittmachers vorzunehmen.

Beim *akuten Linksherzversagen mit Lungenödem* (Tab. 2), das besonders bei der hochgradigen Hypertonie und bei Aortenklappenfehlern, aber auch bei der Mitralinsuffizienz auftritt, ist es das Ziel, die Kontraktilität des linken Ventrikels zu stärken. Dies wird in erster Linie durch Digitalisglykoside, vor allem durch Strophantin oder Digoxin erreicht. Bewährt hat sich auch die Gabe von Morphin i.v., da die akute Atemnot und Angst des Patienten zusammen mit dem Hustenreiz zu starkem Würgen und Husten führt, das die Schaumentwicklung in den Bronchien noch verstärkt und somit die Atemoberfläche der Lunge weiter herabsetzt. Erst nach Gabe von Morphin ist es möglich, den Patienten wirkungsvoll abzusaugen und durch Sauerstoffapplikation die verfügbare Lungenoberfläche so weit wie möglich auszunutzen und die erschwerte Diffusion zu überwinden. Gabe von Lasix und der Aderlaß dienen zur Reduktion des Blutvolumens. Man versucht durch Verringerung des venösen Angebots die Blutzufuhr vom rechten Herzen in die Lunge zu mindern und so zur Verringerung des Drucks im kleinen Kreislauf beizutragen.

Tabelle 2

Akutes Linksherzversagen, Lungenödem (Hypertonie, Klappenfehler) Cave Digitalis b. Mitralstenose	O_2 (Kath. im Pharynx) Digoxin 0,5–1 mg i.v. od. Strophantin 1/4–1/8–1/8 mg i.v. Lasix 20–40 mg i.v. Morphin 0,01 g langsam i.v. Aderlaß
Herzinfarkt mit Schock	Digitalis, Analgetica Sedativa, O_2 Volumentherapie nach CVP
β-adrenerg	Alupent Infusion Ildamen 8–20 mg Glukagon 5 mg
α-adrenerg	Noradrenalin Infus. Novadral, Effortil
β-adrenolytisch	Practolol, Aptin
α-adrenolytisch	Phenoxybenzamin 1 mg/kg Methylprednisolon 30 mg/kg

Das größte Problem ist die Behandlung des *Kreislaufversagens beim Herzinfarkt*. Auch hier wird man versuchen, die Herzkraft durch Digitalis zu stärken, durch Analgetica und Sedativa zur Ruhigstellung des Patienten beizutragen und durch Gabe von Sauerstoff die Arterialisierung des Blutes zu erhöhen. Beim Herzinfarkt ist mit zunehmender Kreislaufinsuffizienz immer eine Minderung des Sauerstoffgehaltes des arteriellen Blutes verbunden. Es geht z. T. auf eine Erhöhung des anatomischen Rechts-Links-Shunts zurück und mit sinkendem O_2-Gehalt im venösen Blut durch erhöhte periphere Ausschöpfung wirkt sich diese venöse Beimischung durch den Shunt wiederum mehr im arteriellen Sauerstoffgehalt aus. Auch ist das Verhältnis von Belüftung zu Durchblutung gestört (SUKUMALCHANTRA et al., 1970).

Die Messung des zentralen Venendrucks wird die Anwendung weiterer Medikamente bestimmen. Eine gewisse Menge Plasmaersatzmittel kann in jedem Fall infundiert werden; wenn der Venendruck dabei deutlich steigt auf Werte über 12 cm Wasser, muß jedoch die Infusion gestoppt werden. Man wird dann versuchen, durch Infusion beta-adrenerger, kardiostimulatorischer Medikamente wie Alupent, Ildamen und auch Glukagon den Bluttransport des Herzens zu verbessern, was sich in einer Senkung des Venendrucks und einer Verbesserung der peripheren Zirkulation auswirken sollte. Wenn der Venendruck sinkt, kann weiter etwas Plasmaersatzmittel infundiert werden.

Wenn der arterielle Druck jedoch sehr stark gesenkt ist, und durch die oben genannten Maßnahmen nicht ansteigt, wird die Infusion von Vasokonstriktoren also *alpha-adrenerg* wirkenden Substanzen nicht zu umgehen sein. Man sollte jedoch mit so wenig wie möglich vasokonstriktorischen Mitteln auskommen, um den Druck wenigstens um 70 mmHg im Mittel zu halten. *Dopamine* ist hier als weiteres Mittel zur Schockbekämpfung noch zu nennen (GOLDBERG, 1968). Es gehört zu den beiden ersten Gruppen. Es vermehrt den renalen Blutfluß durch direkte Vasodilatation, die nicht durch Betablockade verhindert wird. Cardiale Stimulation der Beta-Receptoren und alpha-adrenerge Vasokonstriktion der Skelettmuskelgefäße sind weitere Angriffspunkte. Dopamine erhöht das Herzminutenvolumen und vermindert den peripheren Gesamtwiderstand. Im Gegensatz zu Isoproterenol erzeugt es keine Tachykardie. Die Dilatation der Mesenterialgefäße ist geringer als bei Isoproterenol. Kombination von Phenoxybenzamine und Dopamine erscheint brauchbar, da Phenoxybenzamine den konstriktorischen Effekt mildert, die kardiostimulatorische Wirkung ohne starke Tachykardie erhalten bleibt.

Beta-adrenolytisch wirkende Substanzen verringerten im Tierversuch die Ausdehnung von Infarkten (BRAUNWALD et al., 1969), wahrscheinlich durch Verminderung des Sauerstoffverbrauchs; klinisch haben sie sich jedoch noch nicht bewährt. Auch die Therapie mit *alpha-adrenolytischen* Medikamenten wie Phenoxybenzamin unter Zugabe von Plasmaersatzmitteln und Methylprednisolon in großer Dosierung wird beim kardiogenen Schock nach Herzoperationen empfohlen (DIETZMANN et al., 1968).

Der Schock nach einer Herzoperation ist jedoch mit dem kardiogenen Schock nach Herzinfarkt nicht zu vergleichen. In jedem Fall ist die Behandlung des kardiogenen Schocks nach Herzinfarkt nicht mit einfachen Therapierichtlinien durchzuführen. Es ist immer eine strenge Verlaufskontrolle hämodynamischer Daten notwendig mit dauernden Änderungen in der Dosierung und Variation zwischen Volumentherapie, beta-adrenerger Stimulation des Herzens und alpha-adrenerger Medikation zur Erhöhung des Blutdrucks.

Literatur

BRAUNWALD, E., COVELL, J. W. C., MAROKO, P. R., ROSS, J.: Effects of drugs and of counterpulsation on myocardial oxygen consumption. Circulation Suppl. IV to Vol. **39**, IV–220 (1969).

DIETZMANN, R. H., LILLEHEI, R. C.: The treatment of cardiogenic shock. Amer. Heart J. **75**, 136 + 274 (1968).

GOLDBERG, L. I.: The treatment of cardiogenic shock. Part VI. The search for an ideal drug. Amer. Heart J. **75**, 416 (1968).

SUKUMALCHANTRA, Y., DANZIG, R., LEVY, S. E., SWAN, H. J. C.: The mechanism of arterial hypoxemia in acute myocardial infarction. Circulation **41**, 641 (1970).

Störungen des Kalium-Calcium- und Magnesiumhaushaltes

Ursachen der Störungen

Von **H. E. Franz**

Die Ursachen einer Hyperkaliämie und ihrer Quantifizierung sind in Tabelle 1 aufgeführt. Störungen des Calcium-Magnesium-Stoffwechsels sind in Tabelle 2 und 3 dargestellt.

Tabelle 1. *Ursachen der Hyperkaliämie*

1. Freiwerden von Kalium aus nekrotischem Gewebe und Erythrocyten (Katabolismus von 6 g Eiweiß gibt 2,5–3 maq Kalium frei).
2. Mobilisierung der Glykogendepots (10 g Glykogen enthalten 1,5 maq Kalium)
3. Obligater Proteinkatabolismus.
4. Austritt von Kalium aus den Zellen bei metabolischer Acidose (Abfall des pH um 0,1 Einheiten erhöht das Serumkalium um 0,7 maq/l)

Tabelle 2. *Störungen des Calciumstoffwechsels*

1. Sofortige Reduktion der Ca-Ausscheidung mit dem Urin.
2. Auftreten einer Hypocalciämie, unabhängig vom Phosphatspiegel (Durchschnittswert beim akuten Nierenversagen 3,5–4,0 maq/l).
   Ursache: Sequestration in Knochen, Darm und Bindegewebe?

Tabelle 3. *Störungen des Magnesiumstoffwechsels*

Das Magnesium ist beim akuten Nierenversagen immer erhöht. Der Durchschnittswert bei unseren Patienten war 3,0 maq/l (Normalwert 1,5 maq/l). Werte über 4 maq/l wurden nur beobachtet, wenn Magnesium iatrogen zugeführt wurde

Auswirkungen der Störungen auf die elektromechanischen Kopplungen in der glatten Muskulatur

Von **R. Dudziak**

Das verbindende Glied zwischen den elektrischen Vorgängen der Erregung an der Membran und der chemischen Umsetzung, welche die Kontraktion ermöglichen, ist am glatten Muskel ebenso unbekannt wie am quergestreiften Muskel. Immerhin bestehen Hinweise darauf, daß das Calciumion bei dieser Übertragung eine Rolle spielt. Denn das Calciumion ist das einzige Ion, das bei Mikroinjektionen in die Muskelzelle Kontraktionen auslöst. Für den glatten Muskel gilt, wie beim Herzmuskel, daß die Kontraktilität mit der Verringerung der Calciumkonzentration stark abnimmt.

Die glatte Muskulatur der Arterien und Venen, sowie des Darmtraktes zeigt eine recht lebhafte mechanische Aktivität. Die boebachtete Spontanrhythmik von etwa 2–3 pro min beim Gefäß und beim Darm (auf der Höhe der Verdauungstätigkeit werden bis zu 20 Kontraktionen beobachtet) ist die summierte Mechanik vieler, wohl meist nicht synchron tätiger Muskelzellen bzw. Muskeleinheiten. Calciumverarmung oder Entzug führen zu einem vorübergehenden Anstieg der rhythmischen Aktivität mit Tonuserhöhung. Dauert dieser Zustand länger an, so nimmt die Rhythmik immer mehr ab und der Tonus sinkt. Auch bei Calciumvermehrung ist manchmal eine vorübergehende geringe Verstärkung der Rhythmik mit schwachem Tonusanstieg zu beobachten, wonach es zu einer Verminderung der Rhythmik mit langsamen Tonusabfall kommt, der aber wesentlich geringer ist als bei Calciumentzug. Die Calciumverarmung, die zu den beschriebenen Veränderungen des Tonus und der Spontanrhythmik führt, ist aber nur experimentell zu erzeugen, denn schon Mengen von 0,2–0,5 mM Calcium in der extracellulären Flüssigkeit führen zu einem Wiederanstieg des Tonus und der phasischen Aktivität. Eine so große Verarmung an Calcium ist klinisch unwahrscheinlich.

1. Kalium

Die Erhöhung der Kaliumionen im extracellulären Raum führt zu einer verstärkten phasischen und tonischen Aktivität der glatten Muskulatur in Abhängigkeit von der Kaliumkonzentration. Dieser Effekt ist aber an

Calcium gebunden und erlischt oder läßt nach im Falle einer gleichzeitigen Calciumverarmung. Ohne Calcium ist also Kalium an der glatten Muskulatur unwirksam. Kalium hat mit der elektromechanischen Koppelung, soweit bekannt ist, direkt nichts zu tun.

2. Magnesium

Magnesium, das bei der Beurteilung des Elektrolyt-Status so oft vergessen wird, zählt zu den „essentiellen" Mineralien und spielt sowohl für den glatten als auch für den quergestreiften Muskel eine wichtige Rolle. Aus der Tatsache, daß Magnesium die Ausschüttung von Azetycholin hemmt, kann seine Bedeutung für die neuromuskuläre Übertragung entnommen werden. Die Folgen eines Magnesiummangels sind Spasmus des Sphinkter, Odii, Neigung zu Durchfällen usw.

Seine kontraktionshemmende Wirkung auf die glatte Muskulatur erklärt noch, weshalb es beim Magnesiummangel häufig zu Anfällen von Stenokardie mit allen Konsequenzen kommen kann.

Auswirkungen der Störungen auf die myokardiale Funktion

Von **M. Stauch** und **B. K. S. Härich**

Die Kontraktion einer Muskelzelle setzt dreierlei voraus:

1. eine konduktile Membran,
2. ein kontraktiles System im Zellinnern,
3. ein Koppelglied zwischen dem membraneigenen Phänomen „Erregung" und den verkürzungsfähigen Aktomyosinfilamenten.

Dieses Koppelglied scheint an allen Muskelzellen das Calciumion zu sein. Mit Größenzunahme der Muskelzelle und damit einhergehender Zunahme der Diffusionsstrecke werden Verbindungswege von der Zelloberfläche zum kontraktilen Apparat notwendig.

Am Herzmuskel sind im elektronenoptischen Längsschnitt in der Nähe der Z-Streifen diadenförmige Strukturen sichtbar: das longitudinale System (LTS), welches parallel zu den Aktomyosinfilamenten verläuft, und das transversale tubuläre System (TTS), welches das LTS mit der Zelloberfläche verbindet. Man kann annehmen, daß im LTS kontraktionswirksames Calcium freigesetzt wird, während das TTS als Nachschubweg für Calcium vom extrazellulären Raum ins LTS dient und die erregungsleitende Struktur von der Membran zum kontraktilen Apparat darstellt.

Die elektromechanische Kopplung hängt von folgenden Faktoren ab:

1. der organspezifischen Form des Aktionspotentiales,
2. der Funktionsfähigkeit der intrazellulären Strukturen,
3. der Verfügbarkeit von Calcium.

Eine elektromechanische Entkopplung im engeren Sinne ist demnach nur durch totalen Calciumentzug zu erreichen.

Die Potentialform und -dauer kann durch mechanische, thermische, osmotische, ionale und auch pharmakologische Einwirkungen verändert werden, was zu charakteristischen Antworten im Kontraktionsgeschehen führt.

Die Freisetzung von kontraktionswirksamem Calcium und davon abhängig die Kontraktionsstärke sind eine Funktion von:

1. dem augenblicklichen Gehalt an Calcium im Zellinneren,
2. von der „Reizgröße",
3. von der Anstiegssteilheit des Reizes,
4. von der Felddichte,
5. von der Reizdauer.

Optimale Bedingungen sind gegeben, wenn

1. das Membranruhepotential hoch ist,
2. die Depolarisationsgeschwindigkeit hoch ist (bis zu 40 Volt/sec)
3. der Overshoot hoch ist,
4. das Plateau lange erhalten bleibt,
5. das synchron erregte Zellareal möglichst groß ist.

Die *Erhöhung* der extrazellulären *Calciumkonzentration* stabilisiert die Membran von Sinusknoten und Myokard. Dies führt zu einer Verminderung der Natriumpermeabilität und einer Zunahme der Kaliumpermeabilität, was eine Verkürzung der Aktionspotentiale und eine allmähliche Hyperpolarisation zur Folge hat bis schließlich die Schrittmachertätigkeit sistiert. Eine elektrische Stimulation führt zur Überhöhung der Kontraktionsamplituden.

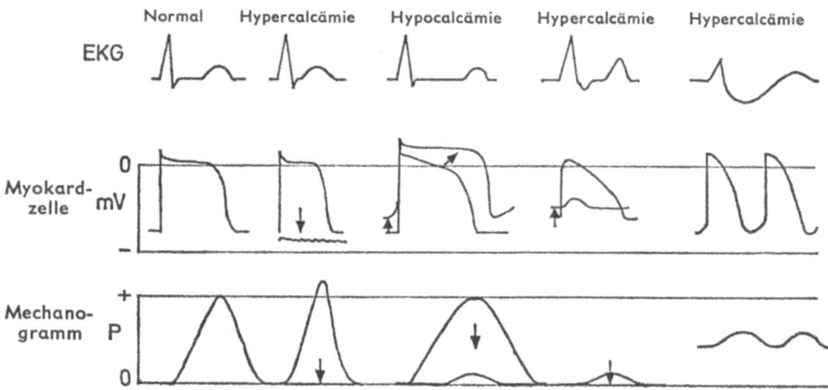

Abb. 1. Veränderungen von EKG, intrazellulär abgeleiteten Aktionspotentialen und Mechanogrammen an Herzmuskelpräparaten bei verschiedenen Elektrolytstörungen

Bei *Calciumentzug* (bis 0,5 mMol/1) fällt die membrandichtende Wirkung des Calciums insbesondere für Natrium immer mehr weg, so daß infolge verbesserter Natriumpermeabilität das Membranruhepotential absinkt bis schließlich Flimmern auftritt. Außerdem verbreitert sich das Aktionspotential, da der Natriumeinstrom länger anhält. Bei einem extrazellulären Calciumgehalt von 0,5 mMol/l ist elektromechansische Entkopplung eingetreten. Sie ist jedoch durch Adrenalin und ATP voll reversibel. Totaler Calciumentzug führt zu elektrischem Flimmern und ist nur durch Calciumsubstitution reversibel.

Die *Erhöhung* der extrazellulären *Kaliumkonzentration* unterscheidet sich in ihrer Wirkung qualitativ und quantitativ am Sinusknoten, am Reizleitungssystem und am Myokard. Der *Sinusknoten* ist gegenüber Kalium am unempfindlichsten. Auch bei hohen Kaliumkonzentrationen ist die Sinusfrequenz relativ konstant und die Erregung der Umgebung durch den erhaltenen Overshoot garantiert. Am *Reizleitungssystem* nimmt die Geschwindigkeit der diastolischen Vordepolarisation ab, so daß das Aktionspotential dem einer normalen Myokardzelle ähnlich wird. Die Lähmdosis liegt wesentlich niedriger als am Sinusknoten. Am *Myokard* wirkt sich die Erhöhung der extrazellulären Kaliumkonzentration in einer Verkleinerung des Quotienten der K-Konzentration im Zellinneren zu Zelläußerem aus. Das Ruhepotential, welches ein Kalium-Potential ist, wird also kleiner, und es muß daher eine Depolarisation eintreten. Gleichzeitig nimmt der Overshoot ab, was eine verminderte elektronische Fernwirkung bedeutet. Eine zunehmende mechanische Kontraktionsschwäche ist die Folge. Im Tierexperiment ist die Kaliumlähmung durch Adrenalin voll reversibel.

Zunehmender *Kaliumentzug* vergrößert den elektrochemischen Kaliumgradienten. Es kommt daher zu einer Verkürzung der Aktionspotentiale wegen vorzeitig einsetzender Kaliumdiffusion entlang seinem elektrochemischen Gradienten und zu einer überschießenden Repolarisation wegen des vergrößerten Kaliumgradienten. Von diesem Membranniveau setzt bereits die Natriumpermeation ein, was einer diastolischen Depolarisation gleicht. Kaliummangel führt deshalb zu Schrittmachertachykardie, Schrittmacherirregularität und Schrittmacherflimmern. Außerdem treten pathologische Schrittmacher im Myokard mit hoher Frequenz auf, die zum Kammerflimmern führen.

Hypermagnesämie hat einen stabilisationsähnlichen Effekt: Erregungsleitungsgeschwindigkeit und myokardiale Erregbarkeit sind vermindert, ebenso die Erregungsleitungsgeschwindigkeit im Reizleitungssystem. Ob durch rein elektrische Veränderung oder zusätzliche mechanische Eigenschaftsveränderung die Kontraktionskraft der Myokardzelle vermindert wird, ist experimentell elektrophysiologisch am Streifenpräparat nicht dargestellt. Kontinuierliche Steigerung des Serummagnesiumspiegels von 2 auf 5 mEq/l führt über Tachykardie zu Bradykardie am spontan schlagenden Herzen. Weitere Erhöhung der Konzentration auf 10 mEq/l erzeugt P-Q-Verlängerung, QRS-Verlängerung bei gleicher Q-T-Dauer. Nach den bekannten klinischen Befunden scheint Magnesium ähnlich wie Calcium zu wirken, jedoch ist die initiale Tachykardie über 5 mEq/l noch nicht geklärt.

Literatur

ANTONI, H., ENGSTFELD, G.: Restitutive Wirkung der sympathischen Überträger-stoffe auf die elektrische und mechanische Aktivität des Kalium-gelähmten Myokards. Verh. Dtsch. Ges. Kreislauf.-Forsch. 27. Tagung, 232 (1961).
— — FLECKENSTEIN, A.: Inotrope Effekte von ATP und Adrenalin am hypo-dynamen Froschmyocard nach elektromechanischer Entkopplung durch Ca^{++}-Entzug. Pflügers Arch. **272**, 91 (1960).
— Elektrophysiologische Studien zum Problem der Flimmer-Entstehung und Flimmer-Beseitigung. Beiträge zur Ersten Hilfe und Behandlung von Unfällen durch elektrischen Strom.
LOEWI, O.: On the mechanism of the positive inotropic action of fluoride, oleate and calcium on the frog's heart. J. Pharmacol. exp. Ther. **114**, 90 (1955).
WEIDMANN, S.: Elektrophysiologie der Herzmuskelfaser. Bern und Stuttgart: Verlag Huber 1956.

Diagnostische Fragen in der Reihenfolge der Dringlichkeit

Von **R. Dudziak**

Ich möchte an erster Stelle die Bestimmung des Kaliumgehaltes im Serum (Norm 4,5–5 mäg) nennen. Es gibt jedoch, insbesondere nach großen Operationen mit Hilfe der Herzlungenmaschine oder im Schock, Situationen, bei denen die Kaliumkonzentrationen im Serum normal oder erhöht ist während intracellulär eine Hypokaliämie vorliegt. Das therapeutische Problem liegt damit in der Wiederherstellung des intracellulären Kationengleichgewichtes, eine Aufgabe, die im Stadium eines O_2-Mangels nur durch selektive Einschleusung des Kaliums in die Zelle erfüllt werden kann.

Das Kalium im Serum kann nach der Formel

$$\text{Kaliumdefizit} = \text{Kalium}_{\text{normal}} - \text{Kalium}_{\text{ist}} \; \frac{\times \text{ Körpergewicht}}{5}$$

berechnet werden, wobei die so errechnete notwendige Kaliummenge für die ersten 24 Std verdoppelt werden sollte. Damit wird auch dem täglichen Kaliumverlust durch die Urinausscheidung Rechnung getragen. Die Messung der intracellulären Kaliumkonzentration verbessert die bisher in klinischen Untersuchungen übliche Elektrolytbilanzierung wesentlich.

Das intracelluläre Kalium wird mit der Formel:

$$\text{Ki} = \text{K}_{\text{Ges.}} - \frac{\text{Ke}}{5} \times 1{,}25 \text{ mval/kg Feuchtgewicht}$$

berechnet, wobei:

Ki   = Kalium intracellulär
$\text{K}_{\text{Ges.}}$ = Gesamtkaliumgehalt des untersuchten Gewebes
Ke   = Kalium extracellulär (Serum)

bedeutet.

Das Gewebe wird durch eine Probeexzision bzw. Biopsie gewonnen. [Einzelheiten s. STAIB, I., KRETSCHMAR, M.: Arzneimittelforschung **18**, 342 (1968)].

Das Serummagnesium ist zu etwa 30% proteingebunden, zu 55–60% ionisiert und 10–15% komplex gebunden. Der Magnesiumgehalt des Serums beträgt etwa 1,3–2,1 mäq. Der Magnesiumgehalt ist erhöht bei Nieren-erkrankungen und Hyperthyroidismus. Er ist erniedrigt bei Störungen der Magnesiumresorbtion, schwerem Erbrechen und Durchfall, Hyperpara-thyreoidismus, Thyreotoxicose, chronischem Alkoholismus, primären Aldosteronismus, renaler tubulärer Acidose und gelegentlich auch bei Lebercirrhose.

Eine Hypomagnesämie ist klinisch durch akute Konvulsionen gekenn-zeichnet, wobei im Gegensatz zur Hypocalciämie periphere Muskelkrämpfe fehlen.

Calcium eines der wichtigsten Ionen, verantwortlich für die elektro-mechanische Koppelung, befindet sich im Serum in einer Menge von 4,4 bis 5,0 mäq/l. Calciummangel führt zu Tetanie, Stimmritzenkrampf, Muskel-krämpfen (Pfötchenstellung) usw. Die häufigsten Ursachen des Calcium-magels sind: Massive Citrat-Bluttransfusionen, akute Pankreatitis, diffuse Peritonitis, Funktionsstörungen der Nebenschilddrüse, Nierenerkrankungen Oxalat-Fluor-Citrat-Vergiftungen. Metabolische Acidose, gleich welcher Ursache, führt sowohl zu einer vermehrten renalen Ausscheidung des Cal-ciums als auch zur Abgabe von Calcium aus dem Skelett. Calcium wird wie auch Kalium und Natrium flammenfotometrisch bestimmt.

Diagnostische Maßnahmen, Methoden und Geräte

Von **W. E. Zimmermann**

Zur gezielten Therapie der Störungen im Elektrolyt- und damit meist
auch im Flüssigkeitshaushalt ist die *Bilanzierung der Ionen* und eine qualifi-
zierte *Labordiagnostik* eine unbedingte Voraussetzung. Bei der Bilanzierung
wird die *Änderung des Ions im Extrazellulärraum* gegen den *Normalwert* zusammen mit der *Ausscheidung* (Sammelurin über 24 Std, Sekrete, Perspiratio
insensibilis, pathologische Ausscheidung der Niere!, Diarrhoen) für die
notwendige *therapeutische Zufuhr* berücksichtigt.

Bei der Aufstellung des *Substitutionsplanes* muß in *Erhaltungs-* und *De-
fizitbedarf* unterschieden werden, und eine Berechnung sollte nur für 12 bis
24 Std erfolgen unter Berücksichtigung der unmittelbaren *Vorgeschichte*
und der *Laborwerte*.

Eine Bilanzierung muß stets vorgenommen werden, wenn:

1. aufgrund der Anamnese ein Defizit anzunehmen ist (Diabetes, Erbrechen, Diarrhoe, Colitis, Laxantienabusus, Lebercirrhose),

2. klinische und vor allem intraoperative Befunde auf Störungen des
Elektrolyt-, Wasser- oder Säure-Basen-Haushaltes hinweisen (Magenaus-
gangsstenose, Ileus, Peritonitis, Gallen-, Pancreas-, Dünndarmfistel),

3. Erkrankungen vorliegen, die mit einem extrarenalen oder renalen
Verlust von Elektrolyten einhergehen (Schock, Polyurie nach Pyelonephritis, Cushing- und Conn-Syndrom, nicht normaler postoperativer Verlauf, Anwendung von Diuretica, Röntgenbestrahlung usw.).

Zur *Berechnung eines Defizits* und zur *Beurteilung* einer zusätzlichen *Verteilungsstörung* zwischen *Intra- und Extrazellulärraum* und dem sog. „third
space" sind folgende Größen unumgänglich:

1. Körpergewicht in Kilogramm zur Berechnung der Größe des Extra-
zellulärraumes (Männer ca. 20%, Frauen 15% des KG.),

2. Normwert = Sollwert des betreffenden Ions,

3. der im Serum gemessene Wert = Istwert,

4. Haematokrit und Gesamteiweiß sowie Natrium im Serum zur Beurteilung der Hydratation,

5. pH-Wert,

6. PCO_2,

7. Standard-Birkarbonat.

Wenn wir von unseren Betrachtungen die Bilanz- und Verteilungsstörungen des Wasser- und Natriumhaushaltes ausklammern, so kommt unter den genannten Elektrolyten dem Kalium die wesentlichste Bedeutung zu.

Kalium

Das *gesamte Körperkalium* ist praktisch innerhalb von 40 Std zu 95% austauschbar. Mit Radioisotopen ([42]K) kann es deshalb auch leicht intra vitam bestimmt werden. Zell- und Muskelmassen, weniger das Fettgewebe, bestimmen den *Kaliumbestand* (40–50 mval/kg KG).

Tabelle 1. *Kaliumbestand (pro kg Körpergewicht)*

	Männer	Frauen
Normal	45	35 mval K^+
Leichte Kachexie	32	25 mval K^+
Schwere Kachexie	23	20 mval K^+

Intracellulär befinden sich 98%, *extracellulär* weniger als 2%. Über die Verteilung des Gesamtkörperkaliums unterrichtet Tab. 2.

Tabelle 2. *Verteilung des Gesamtkörperkaliums*

Gesamtkörperkalium	45,7 mval/kg KG = 3200 mval = 100%
Kalium im EZR	65 mval = 2 %
Kalium im IZR:	
Muskeln	2700 mval = 86 %
Leberzellen	170 mval = 5,3%
Erythrocyten	215 mval = 6,7%

Der Kaliumbedarf pro die (50–100 mval/l) setzt sich aus *extrarenalem Verlust* (5–10 mval) und *renalem Verlust* (35–90 mval) zusammen.

Zur Beantwortung der gestellten Frage und Berechnung der Bilanzierung ist wichtig zu wissen, daß die Kaliumelimination nur zu einem bestimmten Grad der Regulation durch die Nebennierensteroide und der Steuerung durch die Mineralkortikoide unterliegt.

Entgleisungen des Kaliumbestandes durch Sekret- und Flüssigkeitsverlust bei chirurgischen Patienten können deshalb vom *Organismus schlecht gesteuert* werden, da zahlreiche Sekrete größere Mengen Kalium neben anderen Elektrolyten enthalten (Tab. 3).

Tabelle 3. *Durchschnittlicher Natrium-, Kalium-, Chlorid- und Calciumgehalt bilanzmäßig wichtiger Sekrete*

	Na^+ mval/l	K^+ mval/l	Cl^- mval/l	Ca^{++} mval/l
Serum	145	4	100	5,0
Transsudate, Ödemflüssigkeit	144	5	112	—
Schweiß	58	10	45	2,5–20,0
Speichel	33	20	34	—
Magensaft, sauer	59	9	89	4,8
Magensaft, neutral	100	10	100	3,5
Galle	145	5	100	5,0
Pankreassekret	141	5	77	2,5
Dünndarmsekret	105	5	100	10,0
Ileostomie, frisch	117	5	106	15,0
Ileostomie, adaptiert	45	5	20	10,0
Zökostomie	80	20	48	20,0
Faeces, geformt	10	10	15	20–40
Faeces bei Diarrhoe	80	30	60	40,0

Für die *notwendige Zufuhr* und zur *Bilanzierung des Ions* wird die Änderung im *Extrazellulärraum gegen den Normalwert* zusammen mit der *Ausscheidung* (24 Std Sammelurin) berücksichtigt. Die Kaliumzufuhr kann gestört sein, ebenso wie die Sekretion und Rückresorption des Kaliums in Niere und Darm. Außerdem bedingt die Verschiebung zwischen Intra- und Extrazellulärraum Entgleisungen des Säure-Basen-Haushaltes mit Beeinflussung des neuromuskulären Apparates.

Auf das *Plasmakalium* übt der *Zellstoffwechsel* insofern auch einen Einfluß aus, als zum Aufbau von je 1 g Eiweißstickstoff 3 mval Kalium und zum Aufbau von je 1 g Glykogen ca. 0,3 mval intracellulär benötigt werden.

Der *Plasmakaliumspiegel*, der mit 60–70 mval [(4,5 mval/l × 14 (EZR)] nur etwa 2% des Gesamtkörperkaliums ausmacht, gibt also nur bedingt Aufschluß über die tatsächlichen Verhältnisse im Kaliumhaushalt. Zu seiner *Beurteilung* ist es unerläßlich, sich gleichzeitig auch über den *Säure-Basen-Haushalt* und über den *Zucker- und Eiweißstoffwechsel* zu orientieren.

Entsprechend der von SCRIBNER und BURNELL nachgewiesenen Beziehungen zwischen *Serumkalium* und *Kaliumgehalt des Organismus* ergibt sich bei *normalem Säure-Basen-Gleichgewicht*:

1. Liegt der Plasmakaliumwert höher als 3 mval/l, so entspricht einem Abfall des extracellulären Kaliums eine Veränderung des Kaliumbestandes um 100–200 mval.

2. Liegt der Plasmawert unter 3 mval/l, so benötigt der Organismus eine Zufuhr von 200–400 mval Kalium, um das extracelluläre Kalium effektiv um 1 mval/l anzuheben.

Das *Ungleichgewicht* bzw. das Konzentrationsgefälle des *intra-* zum *extracellulären Kalium (Ki/Ke,* normal 25: 1–10: 1) kann von der Zellmembran nur bei voll funktionstüchtigem Energiestoffwechsel aufrechterhalten werden.

Ein rascher Anstieg des extrazellulären Kaliums kann deshalb durch Hypoxie, pH-Abfall, Diabetes usw. entstehen, da zwischen intra- und extracellulärer Kalium- und H^+-Ionenkonzentration enge Beziehungen bestehen.

K^+- und H^+-Ionen können sich gegenseitig intracellulär ersetzen, so daß ein Überschuß an H^+-Ionen (Acidose) zu einer „Verdrängung" und Verschiebung von Kaliumionen aus dem intra- in den extracellulären Raum führt. Umgekehrt werden bei Alkalose extracelluläre Kaliumionen nach intracellulär verschoben, um dort das Defizit an H^+-Ionen zu decken.

Daraus läßt sich ableiten:

1. *Ein normales Serumkalium* bedeutet
bei *Acidose: Kaliummangel,*
bei *Alkalose: Kaliumüberschuß.*

2. Bei *alkalisierender Therapie* ist mit einem Abfall des Serumkaliums zu rechnen, bei normalem oder *niedrigem Kaliumausgangswert* ist für K^+-Zufuhr während der Therapie zu sorgen!

3. Eine *Ansäuerung* bewirkt stets einen Anstieg des Serumkaliums und bei funktionstüchtiger Niere eine *vermehrte Ausscheidung = Verlust.*

Ursachen einer Hyperkaliämie von mehr als 6 mval/l sind:

1. Hämolyse und Myolyse.
2. Zu rasche und intensive i.v.-Zufuhr (maximal nur 20 mval/Std i.v., Abwanderung nach intracellulär und Ausscheidung durch die Niere sonst verzögert).
3. Akute Niereninsuffizienz im Stadium der Anurie-Oligurie.
4. Chronische Niereninsuffizienz nur im Terminalstadium.
5. Schwere Stoffwechselstörungen bei metabolischer und respiratorischer Acidose.
6. Nebenniereninsuffizienz.

Klinische Symptome bei Kaliumkonzentrationen über 6,5 mval/l Plasma: Unlust, Schwäche, Verwirrungszustände, Paraesthesien;

Skelettmuskel: Schlaffe Lähmungen.

Herz-Kreislauf: Sinusbradykardie, Kammerflimmern, bei Plasmakonzentrationen über 7 mval/l akute Lebensgefahr, diastolischer Herzstillstand. EKG: Leichte Hyperkaliämie: QT-Verkürzung, spitze schmalbasige T-Wellen; schwere Hyperkaliämie: QRS-Vergrößerungen durch S-Verbreiterungen mit ST-Beginn weit unter der isoelektrischen Null-Linie und rechtschenkelblockähnlichem Bild.

Therapeutische Maßnahmen:

1. Einstellen der exogenen Zufuhr.

2. Verminderung der endogenen Freisetzung durch Ableiten von Hämatomen und Gewebsnekrosen sowei Dämpfung des Katabolismus.

3. Beseitigung der Verteilungsstörung bzw. der Acidose durch THAM, $NaHCO_3$, Glukose (50 g) und 20 E Alt-Insulin i.v.

4. Calcium-Glukonat 2 g 2stdl.

5. Ionenaustauscher zum Entzug von Kalium, 40–80 g (Resonium A)/24 h rektal.

6. Bei Plasmawerten von mehr als 7 mval/l und Oligo-Anurie Peritoneal- oder Hämodialyse.

Ursachen der Hypokaliämie sind neben einer unzureichenden Kaliumzufuhr insbesondere gastrointestinale und renale Verluste (Tab. 4).

Tabelle 4. *Ätiologie des Kaliummangels*

1. Extrarenale Verluste:	Erbrechen, Magenausgangsstenose Durchfall (Colitis, Sprue, Laxantienabusus) Ileus Fisteldrainage (Galle, Pankreas, Dünndarm) Verbrennungen
2. Renale Verluste:	Chronische Nephritis oder Pyelonephritis mit Polyurie CUSHING-Syndrom CONN-Syndrom (Hyperaldosteronismus) Lebercirrhose, Coma hepaticum postoperativ Röntgenbestrahlungen ACTH, Steroide, Diuretika, übermäßige Zufuhr kaliumfreier Lösungen (0,9 % NaCl, PAS-Na)

Klinische Symptome des Kaliummangels treten bei einer Plasmakonzentration von weniger als 3,5 mval/l auf, vor allem dann, wenn der Säure-Basen-Haushalt ausgeglichen ist. Bei einer Kaliumverarmung besteht oft die Tendenz zur metabolischen Alkalose. Ob aber eine Alkalose oder eine Acidose entsteht, hängt von der Ätiologie des Kaliumverlustes ab.

Klinische Zeichen: Muskuläre Schmerzen und Schwäche (sekundäre Adynamie), Übelkeit und Erbrechen, Hypovolämie und apoplektische Paresen.

Glatte Muskulatur: Obstipation und Meteorismus, Darmatonie und paralytischer Ileus.

Herz-Kreislauf: Tachykardie, Digitalisüberempfindlichkeit, Dilatation des Herzens, Erhöhung des Venendruckes, Kammerflimmern.

EKG: Es gibt nur Hinweise (gleiche Veränderungen bei Ca^{++} und Mg^{++}!), da Veränderungen nicht quantitativ und ionenspezifisch sind (Änderung des Membranpotentials).

Leichte Hypokaliämie: Geringe ST-Senkung, T-Abflachung, Verschmelzung von T und U zur breiten Welle (früher T-Verbreiterung).

Schwere Hypokaliämie: T isoelektrisch oder negativ, dagegen U-Höhe positiv, T-Ende nicht sicher abgrenzbar, QT-Dauer nicht bestimmbar, HEGGLIN-Syndrom (frequenzentsprechender QT-Wert) oft positiv.

Niere: Initial und typisch ist die sog. hypokaliämische Nephropathie (tubuläre Nierenschädigung) mit Konzentrationsschwäche, Polyurie und vermindertem Ansäuerungsvermögen.

Zur *Bestimmung eines Kaliumdefizits* und zur Trennung einer renal bedingten von einer andersartig verursachten Hypokäliämie sind Tests erforderlich.

Die Durchführung des Testes erfolgt, indem in 24 Std 6,0 g Kalium per os verabreicht und die Kaliumausscheidung während der nächsten 24 Std bestimmt wird.

Die Ergebnisse des Tests sind normal, wenn etwa 5,0 g im 24-Std-Harn ausgeschieden werden, bei Kaliummangel weniger als 5,0 g. Ist der Kaliummangel renal bedingt, so werden trotz Hypokaliämie 5,0 g im Harn ausgeschieden. Die Bestimmung des Kaliums im Serum erfolgt flammen- oder spektralphotometrisch.

Calcium. Im Skelett sind 98% (1200 g) Calcium lokalisiert, wovon 0,2–0,8% (500 mval) austauschbar sind.

Der *Anteil im extracellulären Raum* beträgt 1% = 12 g. Im Interstitium und Plasma sind 5 g leicht austauschbar. Der im Serum und Plasma identische *Gehalt an Gesamt-Calcium* ist physiko-chemisch nicht einheitlich, sondern liegt in *verschiedenen Fraktionen* vor. *Ionisiert* sind 50–60%, etwa 35–44% sind an *Protein* und ein geringer Anteil ist im *Komplex* gebunden (PO_4, CO_3, SO_4, Citrat usw.).

Für *diagnostische Zwecke* ist die Bestimmung des Gesamt-Calciumgehaltes wesentlich. Je nach Art der verwendeten Analysemethoden liegt der *Normwert* zwischen *9 und 11 mg%*.

Der *ionisierte Anteil* ist der physiologisch wesentliche Anteil und nimmt in der neuromuskulären Erregungsübertragung, Blutgerinnung, Enzymaktivierung, Permeabilität der Zellwand und Gefäße und evtl. bei der Knochenverkalkung eine wesentliche Stellung ein.

Das *Verhältnis der Fraktionen* wird von *pH und Gesamteiweiß* wesentlich beeinflußt. Das Gesamt-Eiweiß muß daher stets mitbestimmt werden, wenn die ionisierte Fraktion aus dem Gesamt-Calcium des Serums berechnet werden soll [$Ca^{++} = Ca_{Ges} - (0{,}87 \times Gesamteiweiß)$ mg%]. Für die klinische Beurteilung können ca. 50% als ionisiert angesehen werden. Der *Einfluß des pH-Wertes auf das ionisierte Calcium* im Vergleich zu Kalium, Magnesium und Phosphat ist in Tabelle 5 dargestellt. Ionisiertes Calcium wird bei Alkalose vermindert; daher die Neigung zur Manifestierung einer Tetanie als Frühzeichen bei metabolischer Alkalose. Bei Acidose (Urämie) hingegen entsteht sie als Spätsyndrom.

Die *Konstanz des extracellulären Calciumspiegels* wird durch 3 wesentliche Gleichgewichtsreaktionen garantiert:

Die *orale Zufuhr* ist ausreichend, so daß abhängig vom Lebensalter, pH *im Darmlumen, Vitamin D* und *Parathormon* ein umgekehrt proportionaler Effekt auf die Resorption statthat: Bei wenig Calcium im Darmlumen wird hoher prozentualer Anteil resorbiert.

Die Ausfuhr durch die Niere (5–10 mval) wird durch die gleichen Faktoren beeinflußt. Bei Mangelzufuhr bleibt Mindestausfuhr bestehen. Daraus kann eine Calciumverarmung des Knochens (Röntgenkontrolle – Osteomalazie) eintreten.

Eine *Hypocalcämie* tritt nach Mitentfernung von 3–4 Epithelkörperchen bei der Thyreoidearesektion auf (1–3%). Nach Magenresektionen soll es in ca. 10% zu Calciumverarmung kommen, bei Vermeidung einer Hypoproteinämie jedoch nur noch in 3%. Außerdem findet sie sich bei: Dumping-Syndrom, ausgedehnter Dünndarmresektion, langanhaltendem Ikterus oder Gallenfisteln, Zollinger-Ellison-Syndrom, Malabsorption, chronischer Pankreatitis, Morbus CROHN, Morbus WHIPPLE und Steatorrhoe.

Eine *Hypercalcämie* tritt nach Fraktur und Immobilisation auf, wobei das Maximum der vermehrten Calciumausscheidung im Urin nach 4 Wochen erreicht wird. Bei zusätzlicher Harnwegsinfektion besteht die Gefahr der Nierensteinbildung.

Hypercalcämie ist neben Ulcus ventriculi, Alkalose, Niereninsuffizienz und pathologischen Verhaltungen ein Zeichen beim Milch-Alkali-Syndrom. Die Hypercalcämie bei Tumoren mit Knochenmetastasen (Prostata-, Mamma-, Duodenal-, Nieren- und Schilddrüsencarcinom) oder als paraneoplastisches Syndrom (Hyponephrom, Pancreas-Ca, Genital-Ca und kleinzelliges Bronchial-Ca) sind eingehend beschrieben und bekannt.

In diesen Fällen empfiehlt es sich, therapeutisch den Cortisoneffekt auszunutzen, der die durch Hyperparathyreodismus verursachte Calciumsteigerung im Serum nicht beeinflußt.

Die *Bestimmung des Gesamt-Calciums im Serum* kann durch folgende Methoden erfolgen:

1. Praecipitation mit Ammoniumoxalat,
2. Komplexometrisch durch Titration,
3. Flammenphotometrisch,
4. Spektralphotometrisch,
5. In der Autolysemethodik.

Magnesium. Der *Gesamtbestand* von 24 g (1 g = 82,2 mval) bzw. 29 mval/kg KG befindet sich gleich dem Kalium zu 99% *intracellulär*, und zwar zu $^2/_3$ im Knochen. Muskulatur und Zentralnervensystem enthalten ca. 26 mval/l. Aufgrund von Untersuchungen mit 28 Mg gehören *16% des Gesamtmagnesiumbestandes* der *austauschbaren Fraktion* (Mg_e) an.

Die *Schwankungen des Magnesiumwertes* im Serum werden durch 3 wesentliche *Faktoren* bedingt:

1. Resorption im Darm (auch indirekte Resorptionsstörung durch erhöhte Eiweißzufuhr antagonistischer Mineralien),
2. Mobilisation aus dem Skelettsystem (auch bei intrazellulärem Magnesiummangel),
3. renale tubuläre Verluste.

Bei *normaler Ernährung* (Chlorophyl des Gemüses) werden 25–40 mval Magnesium (0,5 g) zugeführt und im Dünndarm resorbiert. Die *Ausscheidung* erfolgt zu 30% im Urin und zu 70% durch den Stuhl.

Beim *Regulationsmechanismus* sollen Aldosteron und Parathormon eine Rolle spielen. Eine Wechselwirkung zwischen Magnesium und Calcium wird erörtert.

Magnesium wird durch pH-Veränderungen ähnlich beeinflußt wie Kalium. Bei beiden Ionen folgt einer Erhöhung des extracellulären Spiegels eine vermehrte Ausscheidung im Urin.

Unter normalen Verhältnissen ist *Magnesium* in biologischer Hinsicht ein äußerst wichtiger *Aktivator* verschiedener *Enzymsysteme*. Bei der neuromuskulären Übertragung wirkt Magnesium antagonistisch zu Calcium durch Blockierung der Acetylcholin-Freisetzung.

Eine *Hypomagnesämie* besteht bei einem Plasmaspiegel unter 1,4 mval/l. *Ursache* einer *ungenügenden Zufuhr* kann eine Verarmung der Pflanzen an Magnesium sein, ebenso wie chronischer Alkoholismus und parenterale Ernährung mit magnesiumarmen oder gar -freien Lösungen, insbesondere in den ersten 3–4 Tagen post operationem.

Eine *renal bedingte Hypomagnesämie* wurde in der polyurischen Phase nach akutem Nierenversagen oder Gebrauch von Diuretica beobachtet. Chronische *Durchfallerkrankungen* (Colitis ulcerosa, Sprue, ausgedehnte Resektionen des Magen-Darm-Kanals) führen zu einer Verminderung des Magnesiumspiegels im Plasma. Bei Hyperthyreose, CUSHING- und CONN-Syndrom und bei diabetischer Acidose ist analog dem Kalium in der Restitutionsphase eine Hypomagnesämie festzustellen. Die Hypercalcämie bei Hyperparathyreodismus, Lebercirrhose, Pankreatitis, Verbrennungen geht offenbar mit einer Verminderung des Plasmamagnesiums einher.

Die *klinische Symptomatik* der Hypomagnesämie ist durch die neuromuskuläre Übererregbarkeit, Karpopedalspasmen, athetotische Bewegungen äußerste Reizbarkeit, Krampfanfälle, Tachykardie und Rhythmusstörungen des Herzens geprägt.

Hypermagnesämie besteht bei einem Magnesiumwert im Plasma über 2,5 mval/l. *Ursachen* sind neben excessiver parenteraler Magnesiumzufuhr die Verabreichung von größeren Mengen Magnesiumsulfat (Bandwurmkur), eine akute oder chronische Niereninsuffizienz, Morbus ADDISON und Coma hepaticum.

Die *pharmakologische Wirkung* besteht in einer Herabsetzung der Erregbarkeit der quergestreiften Muskulatur und einer Hemmung der Funktion des ZNS. Muskelschwäche, Aufhebung der tiefen Sehnenreflexe, Somnolenz und Coma werden beobachtet.

EKG-Veränderungen entsprechen denen der Kaliumintoxication. Da Zustände einer Hypermagnesämie meist mit einer Hyperkaliämie einhergehen, ist es schwierig zu unterscheiden, inwieweit die klinischen und elektrokardiographischen Veränderungen durch Magnesium oder Kalium bedingt sind. Die Bestimmung des Magnesiums im Serum wird am besten mit dem Spektralphotometer vorgenommen, kann aber auch kalorimetrisch und enzymatisch erfolgen.

Klinisch-therapeutische Maßnahmen

Von **M. Stauch**

Die Hypokaliämie ist der wichtigste und häufigste Zustand bei Elektrolytstörungen. Der Serumkaliumspiegel ist nicht immer ein verläßlicher Indikator für ein Kaliumdefizit. So kann das Serumkalium normal erscheinen, wenn durch Natriummangel das extrazelluläre Volumen reduziert ist. Andererseits kann das Serumkalium niedrig sein bei normalem Körperkalium, wenn Kalium durch Insulin-Glucose-Infusion in die Zellen aufgenommen wird.

Wenn möglich sollen die Kaliummangelzustände durch orale Zufuhr behandelt werden. Allgemein ist zu empfehlen, daß langsam entstandene Hypokaliämien (z. B. durch Saluretica oder Laxantienabusus) langsam aufgefüllt werden können, schnell entstandene Hypokaliämien müssen schnell ausgeglichen werden. (z. B. während der Behandlung des diabetischen Coma).

Bei der oralen Behandlung mit Kaliumchlorid sind 3–5mal täglich 1 g erforderlich. Da ein Teil des zugeführten Kaliums mit Bicarbonationen wieder ausgeschieden wird, sind im allgemeinen 8–10 Tage notwendig, um ein mittleres Kaliumdefizit, das z. B. infolge einer längeren Diureticabehandlung entstanden ist, auszugleichen. Eine acidotische Stoffwechsellage erhöht die klinischen Zeichen der Hypokaliämie. Auch hier soll die Kaliumgabe möglichst oral oder durch langsame Infusion erfolgen.

Eine Hyperkaliämie ist bei intakter Nierenfunktion selten. Bei Niereninsuffizienz kann man eine akut aufgetretene Hyperkaliämie durch Infusion von 500 ml 5%iger Glucoselösung mit 12–16 Einheiten Altinsulin vorübergehend behandeln. Weiterhin können Ionenaustauscher wie Calcium-Serdolit oder Resonium angewandt werden. Eine häufige Elektrolytkontrolle ist dabei notwendig, da die Kaliumwerte bisweilen sehr schnell sinken können. Schließlich wird auch durch die evtl. erforderliche Dialyse der Kaliumhaushalt beeinflußt werden können.

Eine Hypocalcämie macht sich gewöhnlich frühzeitig durch klinische Symptome wie Parästhesien und Tetanie bemerkbar. Sie kann durch intravenöse Calcium-Injektion behandelt werden. Bei einem zusätzlichen Kaliummangel kommt es nicht so leicht zu einer Tetanie, diese kann daher gelegentlich bei Kaliumgabe auftreten. Die Hypercalcämie ist wesentlich

schwieriger zu behandeln. Es müssen intravenöse Infusionen von EDTA
unter dauernder Kontrolle des Calciumspiegels erfolgen.

Eine Hypomagnesämie kann durch intravenöse Infusionen von Ma-
gnesiumsalzen, z. B. 30 mVal Magnesiumaspartat, relativ leicht behoben
werden. Eine Hypermagnesämie kann auf dem Wege über den Darm durch
Laxantien und Einläufe bekämpft werden. Auch Glucose-Insulin-Infu-
sionen können angewendet werden oder bei der Niereninsuffizienz wird
durch Dialyse ein Ausgleich zu erzielen sein.

Störungen der Mikrozirkulation

Einflußgrößen der Mikrozirkulation

Von **K. Meßmer**

Die wichtigsten Faktoren, welche für die Mikrozirkulation entscheidend sind, sollen anhand der Abbildung 1 kurz besprochen werden.

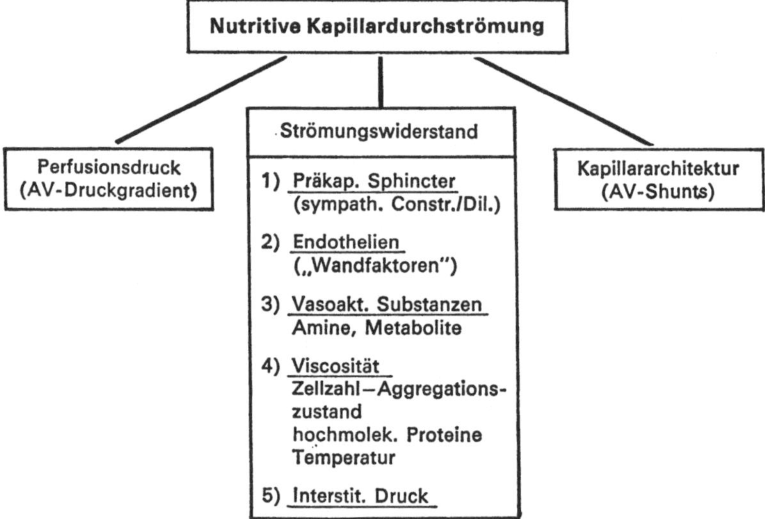

Abb. 1. Schematische Darstellung der Faktoren, welche die Größe der nutritiven Capillardurchblutung bestimmen

Die Hauptfaktoren, welche die nutritive Capillardurchströmung, d. h. den Erythrocytenfluß pro Capillare und Zeiteinheit determinieren, sind

1. der Perfusionsdruck, gegeben als arterio-venöser Druckgradient,
2. die organspezifische Capillararchitektur, sowie
3. der Strömungswiderstand.

Der Strömungswiderstand im Capillarbereich wiederum ist von mehreren Einzelfaktoren abhängig: Hauptregulatoren sind die vom sympathico-adrenergen System innervierten präkapillären Sphinkter, die Endo- und Periendothelzellen, welche durch Volumenänderung (infolge Hypoxie oder lokal entstandener vasoaktiver Metabolite) entscheiden, welche Capillaren perfundiert werden. Nicht besprochen wurde bisher die Bedeutung der Blutviskosität, welche direkt proportional in den Strömungswiderstand eingeht. Ihre Größe ist abhängig von der Zellzahl, dem Aggregationszustand, bzw. der Interaktion dieser Zellen sowie vom Verhältnis hoch- zu niedermolekularen Proteinen, d. h. in erster Linie von der Fibrinogenkonzentration. Erwähnt werden muß ferner die Temperaturabhängigkeit der Blutviskosität. Als letzter Faktor ist der interstitielle Gewebsdruck aufzuführen, welcher z. B. bei Vorliegen hypoxischer Gewebsödeme eine Kompression der postcapillären Venen und damit eine Erhöhung des Strömungswiderstandes bewirken kann.

Zwischen Änderung des strömungswirksamen Druckgradienten und Viscositätserhöhung besteht ein positiver Rückkoppelungsmechanismus, welcher in Abbildung 2 schematisch dargestellt ist.

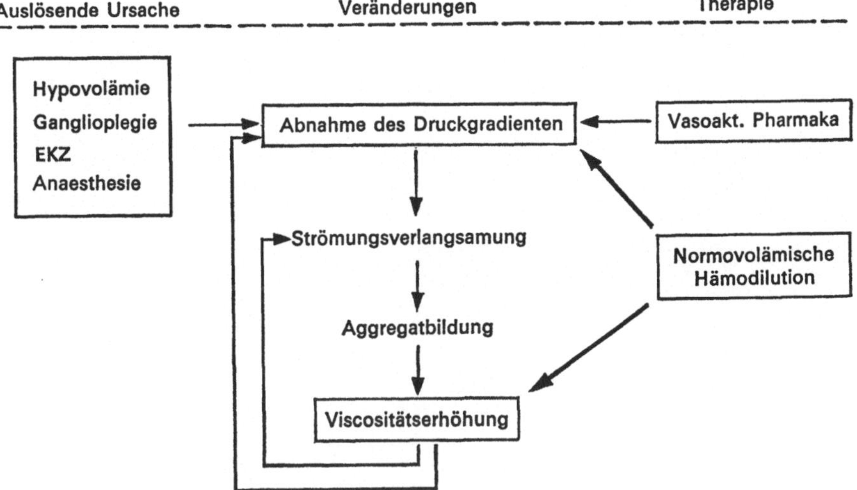

Abb. 2. Schematische Darstellung des Rückkoppelungsmechanismus zwischen Blutviscosität und Capillarperfusion

Die Viscosität von Blut, einer pseudoplastischen Flüssigkeit, ändert sich in Abhängigkeit des Geschwindigkeitsgradienten zwischen einzelnen Flüssigkeitsschichten – anders ausgedrückt: Die Blutviscosität ist abhängig von der lokalen Strömungsgeschwindigkeit. Unabhängig von der Ursache hat eine Abnahme des Druckgradienten eine Verlangsamung der Blutströmung zur Folge, welche je nach dem Gefäßabschnitt, in dem sie sich auswirkt, zu Aggregatbildung bzw. Prästase und dadurch zum Anstieg der apparenten Viscosität führt. Die Viscositätserhöhung ihrerseits reduziert den Druckgradienten weiter, so daß schließlich ein negativer feed-back-Mechanismus resultiert. Wie aus Abbildung 2 zu entnehmen, ergeben sich für diese Situation der low flow Perfusion zwei therapeutische Ansatzpunkte:

1. Beeinflussung des Druckgradienten durch vasoaktive Pharmaka (Konstriktiva) und

2. Senkung der Blutviscosität und konsekutive Beeinflussung des Druckgradienten durch *normovolämische Hämodilution*.

Im Bereich der Mikrozirkulation ist von einer Hämodilution deshalb der größere therapeutische Effekt zu erwarten.

Mikrozirkulation im Gehirn

Von H. J. Reulen

Messungen der Mikrozirkulation im Gehirn sind erst seit wenigen Jahren mit Hilfe der neuen Isotopen-Clearance-Technik möglich. Dabei wird in erster Linie radioaktives Xenon oder Krypton in die Carotis injiziert und extracerebral der Anstieg und der Abfall der Aktivität über dem interessierenden Hirnareal gemessen. Das mit dieser Methode gemessene Hirnareal umfaßt eine Fläche zwischen 1 und 3 cm³. Durch die Kombination von vielen Zählrohren, bis zu 32, kann praktisch ein Überblick über die regionale Zirkulation einer ganzen Hirnhemisphäre gewonnen werden. Damit ist es heute möglich, auch lokale Störungen der Mikrozirkulation, z. B. nach einer Embolie oder einem Ödem aufzudecken, was früher mit der Messung der globalen Hirndurchblutung von KETY und SCHMIDT nicht möglich war.

Wann muß nun bei einem Patienten mit einer Störung der Mikrozirkulation im Gehirn gerechnet werden. Naheliegend ist die Frage, ob das Gehirn im Schock, d. h. bei einer Senkung des Perfusionsdruckes eine Schädigung erlitten hat.

Aufgrund zahlreicher Untersuchungen ist heute bekannt, daß das Gehirn bei einem Blutdruckabfall über einen weiten Blutdruckbereich gut versorgt bleibt. Die Ursache hierfür ist in der sog. Autoregulation der Hirndurchblutung zu sehen, mit deren Hilfe die Hirndurchblutung von etwa 200 mmHg bis etwa 50–60 mmHg konstant gehalten wird (Abb. 1). Erst bei einem arteriellen Mitteldruck um 60 mmHg ist die Vasadilatation erschöpft und es kommt zu einer cerebralen Durchblutungsminderung. Aber auch dann bleibt das Gehirn durch eine stärkere O_2-Ausschöpfung des Blutes, meßbar an der $AVDO_2$, noch ausreichend mit Sauerstoff versorgt. Erst bei Unterschreiten eines arteriellen Mitteldruckes von etwa 40 mmHg ist mit einer Störung der Mikrozirkulation, d. h. mit einer Gewebshypoxie zu rechnen, welche zu einer anaeroben Stoffwechsellage mit Anhäufung von Lactat bzw. einem Anstieg des Lactat-Pyruvat-Quotienten führt (Abb. 1).

Allerdings gelten die im Schema angegebenen Werte nur für junge gesunde Personen. Bei älteren Patienten mit sklerotischen Hirngefäßen muß damit gerechnet werden, daß die Autoregulation der Hirndurchblutung eingeschränkt und bereits bei einem höheren Blutdruck ausgeschöpft sein kann.

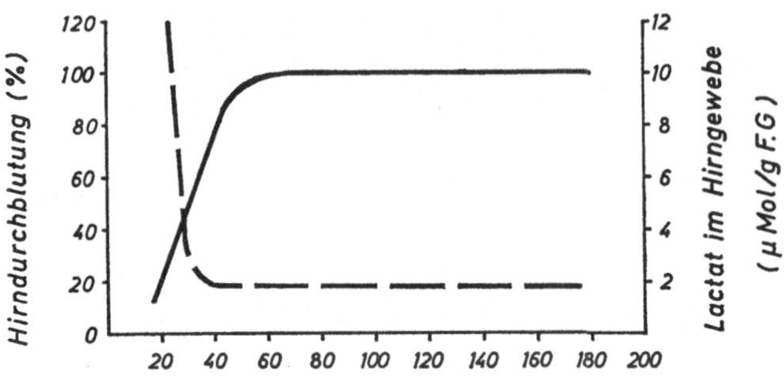

Abb. 1. Schematische Darstellung des Zusammenhanges zwischen mittlerem arteriellem Blutdruck, der Hirndurchblutung (ausgezogene Linie) und dem Lactatgehalt im Hirngewebe (gestrichelte Linie)

Als zweiten, in der Klinik wohl häufigsten Modellfall einer Störung der Mikrozirkulation im Gehirn möchte ich das Hirnödem nennen. Nach einem schweren Schädel-Hirn-Trauma, einer Hirnläsion usw. entwickelt sich ein lokales cerebrales Ödem mit einer Zunahme des Gewebswassergehaltes. Dieser Anstieg des Wassergehaltes im Gewebe erhöht den lokalen Gewebsdruck und damit den cerebro-vaskulären Widerstand und drosselt die Zirkulation im geschädigten Hirnareal (Abb. 2). Zudem steigt natürlich bei einem Hirnödem der intracranielle Druck an und der effektive cerebrale Perfusionsdruck, also die Differenz zwischen arteriellem Mitteldruck und intracraniellem Druck kann so klein werden, daß eine Einschränkung

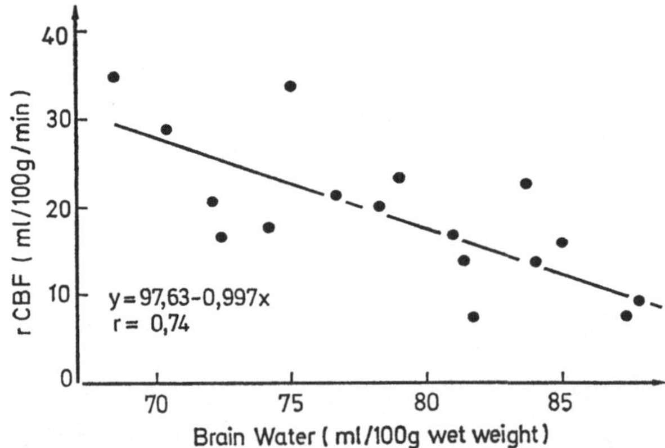

Abb. 2. Der Einfluß des lokalen Gewebswassergehaltes (interstitieller Gewebsdruck) auf die regionale Hirndurchblutung beim cerebralen Ödem. (Aus: REULEN, HADJIDIMOS et al. Acta Neurochir. In Press.)

der gesamten Hirndurchblutung resultiert. Wenn sich bei solchen Patienten eine arterielle Hypotension noch addiert, so ist leicht einzusehen, daß jetzt schon bei einem arteriellen Druck um 80–100 mmHg ein kritischer Zustand für die O_2-Versorgung des Gehirns eintreten kann.

Literatur

REULEN, H. I., HADJIDIMOS, A., BROCK, M., DERUAZ, P., SCHÜRMANN, K.: Regional cerebral blood flow and cerebral edema in man. I. Influence of local tissue water and local tissue lactate. Acta Neurochir. In Press.

Mikrozirkulation in der Niere

Von **H. E. Franz**

Die Nieren, die etwa 0,4% des Körpergewichtes ausmachen, werden
von 1200 ml Blut/min durchströmt, das sind 25% des Herzminuntenvolumens. Über die Arteria renalis, die Arteriae interlobares, arcuatae und
interlobulares gelangt das Blut in die afferenten Arteriolen. Diese versorgen
unmittelbar die Nephrone (Abb. 1). Man unterscheidet cortikale und juxtameduläre Nephrone. Bei den cortikalen Nephronen, die $^6/_7$ aller Nephrone
ausmachen, teilt sich die efferente Arteriole, welche das Blut aus den Glomerulumkapillaren sammelt, erneut in ein Kapillarnetz, welches als peritu-

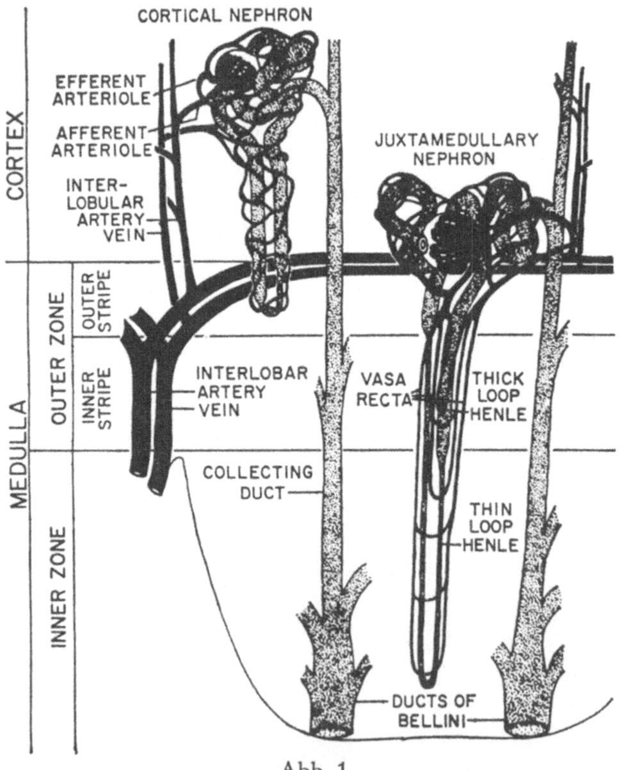

Abb. 1

buläre Kapillaren die proximalen und distalen Konvolute der Tubuli versorgt. Bei den juxtaglomerulären Nephronen, die sich durch lange HENLEsche Schleifen auszeichnen und für die Harnkonzentrierung verantwortlich sind, entspringen aus der efferenten Arteriole die sog. Vasa recta, welche die HENLEsche Schleifen begleiten.

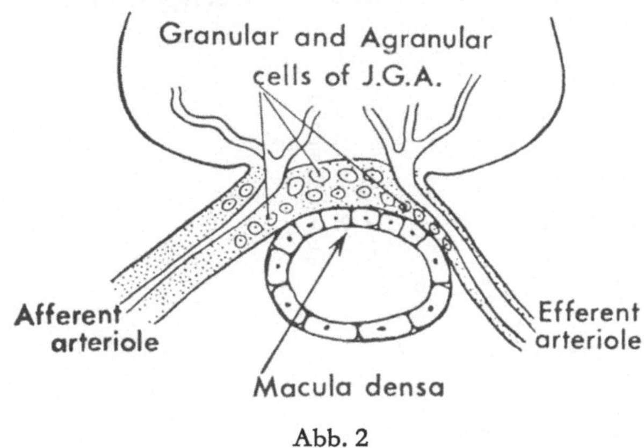

Abb. 2

In den Glomerulumkapillaren beträgt der Druck etwa 65% des mittleren arteriellen Blutdrucks, beim Menschen also 60–70 mmHg. Der Druck ist damit mehr als doppelt so hoch wie bei anderen Kapillaren des Körpers. Der Nettofiltrationsdruck ist jedoch um den onkotischen Druck (25 mmHg) und den Kapseldruck (15 mmHg) niedriger. Durch die proportionale Anpassung an den arteriellen Blutdruck wird neben dem Glomerulumfiltrat auch die Nierendurchblutung konstant gehalten. Dieses Verhalten wird als Autoregulation bezeichnet und ist über einen Blutdruck von 80–190 mmHg wirksam. Die Beobachtung, daß bei kochsalzreich ernährten Tieren dieses Phänomen weniger ausgeprägt ist als bei kochsalzarm ernährten Tieren, läßt vermuten, daß der Renin-Angiotensinmechanismus bei der Autoregulation eine entscheidende Rolle spielt. Der über die Natriumkonzentration des distalen Turbulus gesteuerte Mechanismus ist nach seinem Entdecker THURAU benannt worden: Normalerweise liegt infolge der Natriumresorption im proximalen Tubulus die Natriumkonzentration im distalen Tubulus unter derjenigen des Plasmas. Bei Erhöhung des Glomerulumfiltrates oder einer Natriumresorptionsstörung im proximalen Tubulus steigt die Natriumkonzentration im distalen Tubulus an und wird wahrscheinlich an der Macula densa abgegriffen. Diese Natriumfühler lösen eine Ausschüttung von Renin aus, welches in den juxtaglomerulären Zellen gebildet wird (Abb. 2). Das Renin spaltet das sog. Angiotensinogen, ein alpha-2-Globulin, lokal in Angiotensin I ,welches durch das sog. converting-Enzym in das vasokonstriktorische Angiotensin II, ein Octapeptid umgewandelt wird.

Diese Substanz bewirkt eine Konstriktion der afferenten Arteriole und damit eine Senkung des Glomerulumfiltrates. Beim akuten Nierenversagen
kommt es durch ischämische oder toxische Schädigungen der Tubuluszellen
zu einer verminderten Natrium-Resorption des proximalen Tubulus und
der Thurau-Mechanismus verhindert wie in Abbildung 3 dargestellt, größere Natriumverluste mit dem Urin, wofür allerdings der Preis einer Niereninsuffizienz gezahlt werden muß.

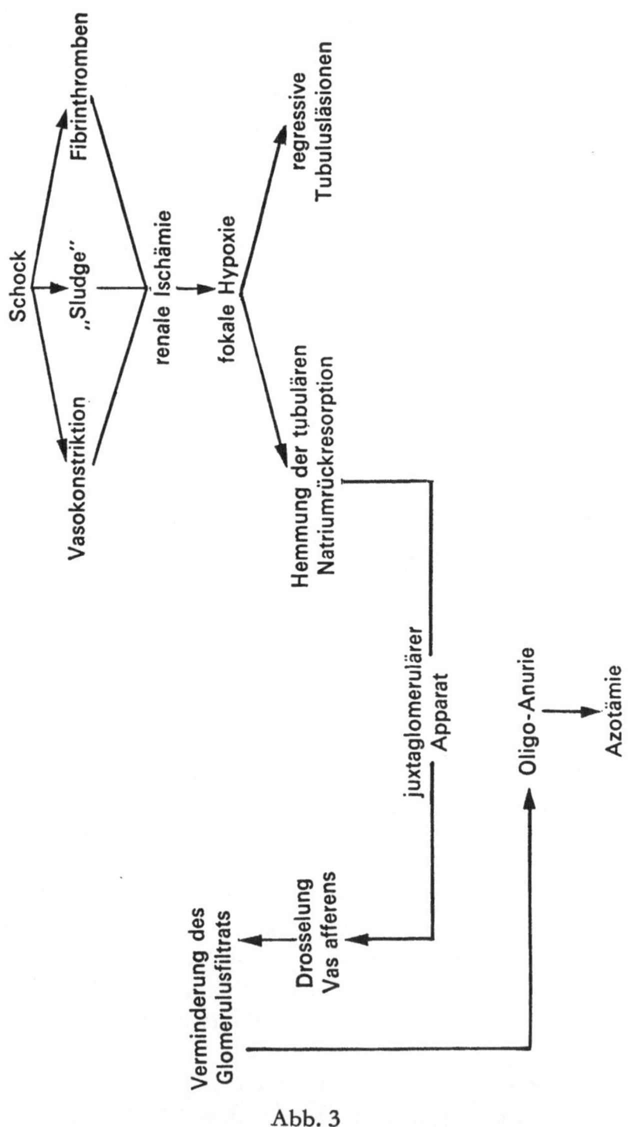

Abb. 3

Mikrozirkulation in der Leber und im Intestinum

Von **K. Meßmer**

Leber und Intestinum sind für Störungen der Mikrozirculation deshalb besonders anfällig, da hier der arterio-venöse Druckgradient durch verschiedenste Faktoren leicht zu beeinflussen ist. So kann der Ausflußwiderstand der Leber durch Erhöhung des postsinusoidalen Druckes stark ansteigen; eine Übersicht über Faktoren, welche den hepatischen Ausflußwiderstand erhöhen und damit den strömungswirksamen Druckgradienten reduzieren können, gibt die Tabelle 1. Der sich durch diese Faktoren entwickelnde, vor allem aus Tierexperimenten bekannte „Leber-out-flowblock" ist, wenn auch in abgeschwächter Form, auch beim Menschen zu erwarten (MESSMER, 1970)[1].

Tabelle 1. *Erhöhung des hepatischen Ausflußwiderstandes*

durch:

1. Histamin	MAUTNER und PICK, 1922
	SMITH and VERAGUT, 1964
2. Acidose	GALLETTI and BRECHER, 1962
	EISEMAN et al., 1963
	KESTENS, 1964
3. Hypoxie	WALDHAUSEN et al., 1959
4. Massive Bluttransfusion	DOW et al., 1959
	EISEMAN et al., 1963
	MEHIGAN et al., 1965
5. Adrenalininfusion	FREEMAN et al., 1941
	LONGERBEAM et al., 1962
	EISEMAN et al., 1963
6. EKZ	GALLETTI and BRECHER, 1962
(Retrograde Perfusion)	HOLEC et al., 1962

[1] MESSMER, K.: Special aspects of liver circulation. In: BOECKL, O., HELL, E., STEINER, H.: Möglichkeiten des Leberersatzes. S. 11. München-Berlin-Wien: Urban-Schwarzenberg 1970.

Pathomorphologisch werden Mikrozirkulationsstörungen in der Leber durch Stase innerhalb der Zentralvenen mit konsekutiver zentraler Nekrose sichtbar; da Zellaggregate, welche sich bei Strömungsverlangsamung in den Zentralvenen bilden, die Abflußostien der postsinusoidalen Gefäßbahn nicht mehr passieren können, resultiert ein weiterer Anstieg des Ausflußwiderstandes.

Da dem Darm das Kapillargebiet der Leber nachgeschaltet ist, bedeutet jede Erhöhung des Pfortaderdruckes einen Anstieg des Ausflußwiderstandes für die Darmdurchströmung. Mikrozirculationstörungen am Darm sind deshalb bei portaler Hypertension zu erwarten; aufgrund der am Darm nachgewiesenen veno-vasomotorischen Reaktion (JOHNSON, 1964[2]; LUTZ, 1966[3]) wird bei Anstieg des venösen bzw. Pfortaderdruckes der arterielle Einstrom in die Mesenterialgefäße autoregulatorisch reduziert, wodurch frühzeitig eine Hypoxie, vor allem der Mucosa auftreten kann. Weiterhin sind aufgrund der extrem hohen α-konstriktorischen Aktivität im Gebiet der Arteria mesenterica superior bei jeder Stimulation des sympathicoadrenergen Systems Mikrozirculationsstörungen im Intestinum zu befürchten.

<hr>

[2] JOHNSON, P. C.: Circulat. Res. **15**, 225 (1964) Suppl.
[3] LUTZ, J.: Pflügers Arch. ges. Physiol. **287**, 330 (1960)

Diagnostische Fragen in der Reihenfolge
der Dringlichkeit

Von **W. E. Zimmermann**

Dringlichkeit und Reihenfolge klinisch diagnostischer Fragen bei *Störungen im Mikrocirculationsgebiet* sind von eminenter Bedeutung, da die Restitution der mikrovasculären Funktion, die stets die Wiederherstellung der *Wechselbeziehung zwischen Blut und Gewebe* beinhaltet, eine absolut zwingende Voraussetzung für das Überleben eines Patienten im Schock darstellt.

So entscheidend die Kenntnisse der Zusammenhänge für Therapie und Prognose sind, so schwierig ist es, mit geeigneten klinischen Meßmethoden Störungen der Mikrocirculation mit ausreichender Genauigkeit zu erfassen. Dies wird dadurch bedingt, daß mangels intracellulärer Meßmethoden die Untersuchungen nur in Grenzschichten erfolgen und nur indirekt auf Veränderungen der Mikrocirculation geschlossen werden kann. Je unvollständiger die Perfusion in den einzelnen Teilkreisläufen ist, desto unzulänglicher sind die gewonnenen Informationen. Neben der *Intensität* und *zeitlichen Dauer* der Störungen ist dabei ausschlaggebend, in welchem Ausmaß die Teilkreisläufe betroffen und welche *Organfunktionen* dadurch beeinträchtigt sind. Jede Beurteilung ist dadurch erschwert, daß der Organismus bestrebt ist, das milieu interieur und damit die Homöostase durch Gegenregulationen und Kompensationsvorgänge möglichst konstant zu halten. Jede schon vorher bestehende *Einschränkung einer vitalen Organleistung* muß deshalb zu einem vorzeitigen *funktionellen Zusammenbruch* führen.

Bei den *Störungen der Mikrocirculation* handelt es sich um intravasale *Veränderungen* der *Thrombo-*, *Erythro-* und *Leukocyten* sowie des *Plasmas* und der *Gefäßwand* mit ihren verschiedenen Komponenten, die sich bis auf die benachbarten Gewebszellen und hier insbesondere die Mastzellen erstrecken können.

Die von der Intensität und Zeitdauer abhängigen und nebeneinander bestehenden Störungen der Mikrocirculation sind in Abbildung 1 schematisch wiedergegeben.

Bei *klinischen Untersuchungen* können folgende Symptome einen Hinweis auf die Vasokonstriktion der Arteriolen (1) und Dilatation der Venolen geben:

Blaßgraue anämische Lippen; blasse, an den Akren durch Cyanose ge-
fleckte Haut; kalter Schweiß; langsame Wiederauffüllung der ausgedrückten
Kapillaren der Haut oder des Nagelbettes; Abnahme der Hauttemperatur.

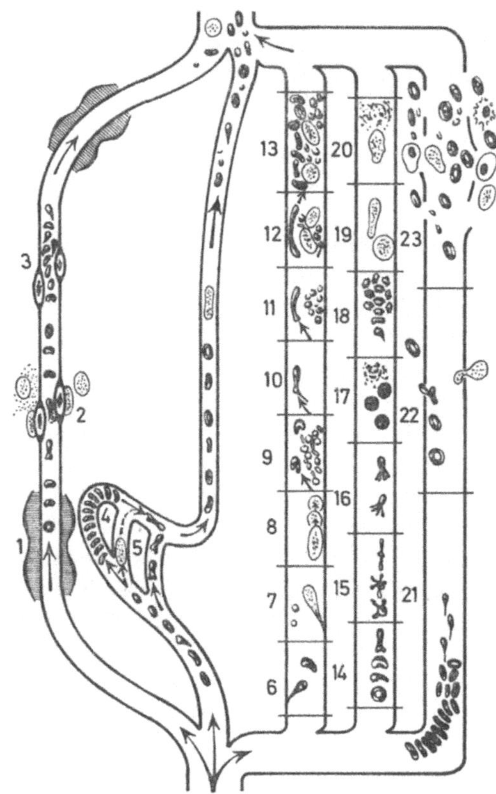

Abb. 1. Schematische Darstellung der pathophysiologischen Veränderungen der Mikrocirculation nach Gewebsschädigungen unter besonderer Berücksichtigung der intravasalen, endothelialen und perivasculären Veränderungen (n. BRÅNEMARK)[1]. Detaillierte Beschreibung s. Text

Die *Arteriolenkonstriktion* und *Schwellung der Kapillarendothelien* (2) verringern den Gefäßquerschnitt und behindern den nutritiven Flow. Die
Integrität der Gefäßwände wird durch die *periendothelialen granulierten Zellen*
(2 und 3) beeinflußt und die intravasculäre Störung verstärkt. Die den
Mikrogefäßen benachbarten *Mastzellen* entleeren ihre *Granula* (2 und 3) in
das umgebende Gewebe. Unter Verminderung des Albumins und Zunahme der grobdispersen Globuline kommt es dabei zu erheblichen
Viskositätsveränderungen des Plasmas.

---

[1] Early Treament of Severe Burns, Ann. N. Y. Acad. Sci. **150, 474** (1968)

Klinische Laborbefunde: Zunahme des Hämatokrits, Hyperglykämie, Hyperglobulie, Leukocytose, Hyperfibrinogenämie, Hyperventilation und Hypokapnie, kompensierte Lactatacidose, erhöhter peripherer Widerstand.

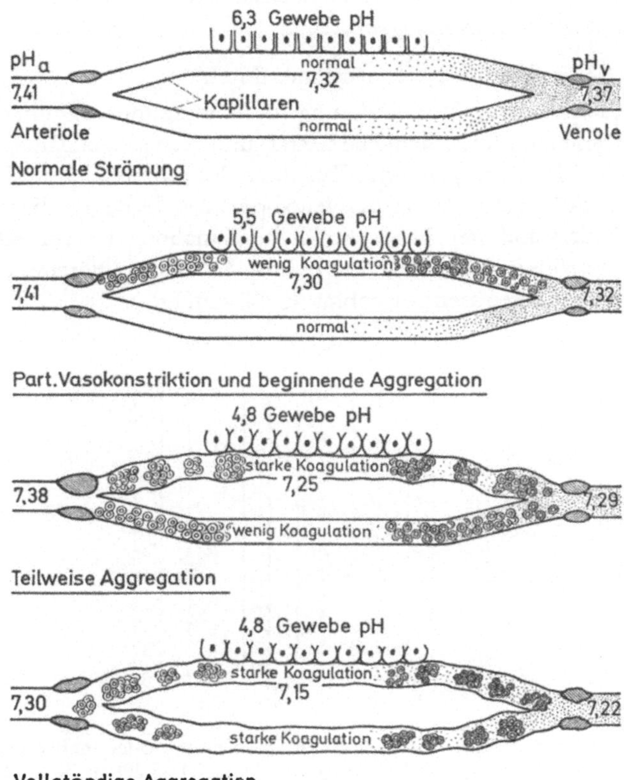

Abb. 2. Schematische Darstellung der Strömungsverlangsamung durch präcapilläre Sphincter. Konstriktion in Teilgebieten generalisiert, mit zunehmender schockspezifischer Vasomotion und Hyperkoagulabilität bei Intensivierung der metabolischen Acidose (Abfall des pH im Gewebe und des arteriellen pH). Thrombocyten- und Erythrocytenaggregation (Maximum 48 Std nach Trauma) mit Mikrothrombenbildung (Leber, Lunge, Niere, Herz)

Zunehmende Dilatation der Venolen mit Stagnation führt bei der unterschiedlichen Mikrogefäßarchitektur in verschiedenen Organen zur *Öffnung der arterio-venösen Anastomosen* (4). *Rigide Granulozyten* (5) können in Bezirken *lokaler Acidosen* das Lumen nutritiver Kapillaren zeitweise oder dauernd verschließen. Daraus resultiert eine nicht mehr kompensierte metabolische Acidose, die die Vasokonstriktion der Arteriolen durch Inaktivierung der Katecholamine aufhebt.

Die gleichzeitige Eröffnung zahlreicher Kapillaren bewirkt:

1. Die Kapazität des Gefäßbettes wird stark vergrößert, so daß auch ein normales Blutvolumen zur Füllung nicht mehr ausreicht.

2. Die nutritive Perfusion der Kapillaren wird weiter vermindert und die Lactatacidose intensiviert (Abb. 2).

Klinisch ist die Situation gekennzeichnet durch:

Pulsfrequenzanstieg, Verminderung des Herzminutenvolumens, pH-Abfall im arteriellen Blut, erhebliche Lactat- und Hyperlipazidämie, Wiederanstieg der Kohlensäurespannung, Zunahme des pulmonalen und portalen Druckes, Vergrößerung des zentralvenös-portalen Druckgradienten ($>$ 7 Strömungswiderstand der Leber erhöht!), Zunahme des zentralvenösen Druckes, Vergrößerung der arterio-venösen Sauerstoffdifferenz, Abnahme von PO_2 im zentralvenösen Mischblut $<$ 40 mmHg.

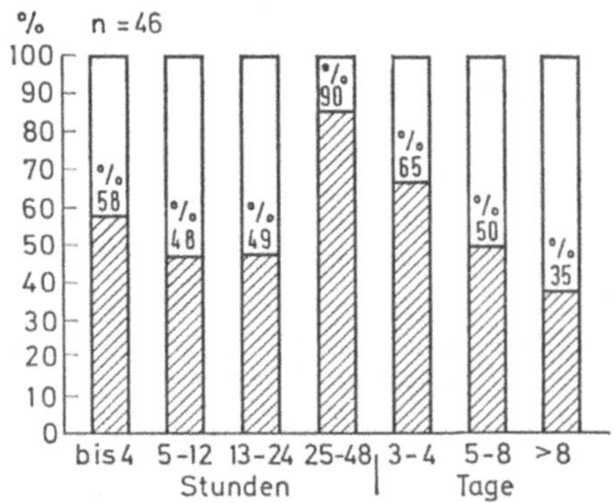

Abb. 3. Zeitpunkt der Mikrothrombenbildung in einem oder mehreren Organen (Leber, Lunge, Niere, Herz) nach traumatisch-hämorrhagischem Schock; *n* = 46

Die an der *Gefäßwand* haftenden *Thrombo-, Erythro-* und *Granulocyten* (6, 7, 8, 9) zerfallen oder setzen bei Acidose (endkapillär pH 7,1 = Inaktivierung von Heparin) und Anreicherung von Stoffwechselmetaboliten [freie Fettsäuren (Ölsäure), Lipoproteine] *ADP frei.* Die thrombininduzierte viscöse Metamorphose der Thrombozyten, die über *Thrombo- und Erythrocytenaggregation* (10, 11, 12) bis zur *Mikrothrombenbildung* (13) in der kapillären Strombahn führt, wird dadurch eingeleitet. Die Mikrothromben bestehen aus Fibrin, Thrombo- und Erythrocyten sowie Granulocyten, die häufig Fetteinschlüsse aufweisen. Die diese Hindernisse überwindenden *Erythrocyten* sind *stechapfelförmig* (14, 15), hexagonal (18) oder rigide und können auch als *Sphärocyten* (17) auftreten, platzen und eine Hämolyse einleiten. Der Verlust der Flexibilität einerseits und die Verkleinerung der Gesamtoberfläche durch Zellaggregation und Verformung andererseits bewirken bei Viskositätszunahme des Plasmas und pH-Abfall eine *Abnahme der intravasalen Sauerstofftransport- und Diffusionskapazität* sowie der *Sauerstoffaffinität an Hämoglobin* und verringern die nutritive Kapillardurchströmung.

Eine derartige *dissiminierte intravasculäre Gerinnung* ist nach 48 Std am intensivsten ausgeprägt (Abb. 3). Die größte Anzahl von Mikrothromben findet sich im Bereich des Niederdrucksystems der *portalen* und *pulmonalen Strombahn* infolge der dort herrschenden rheologischen und metabolischen Besonderheiten (Abb. 4).

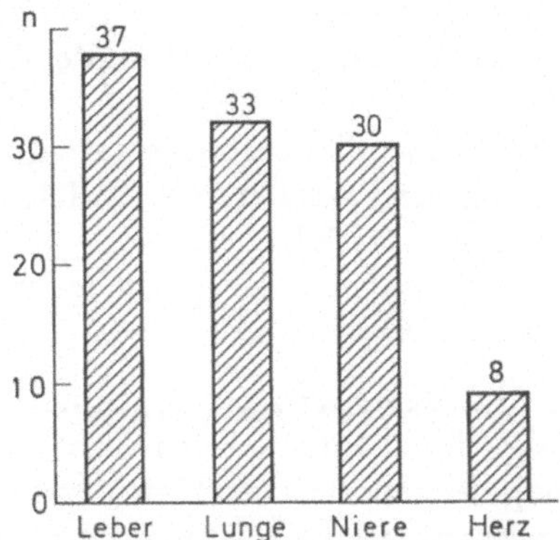

Abb. 4. Häufigkeit der dissiminierten intravasculären Gerinnung in Leber, Lunge, Niere, Herz; $n = 46$

Die Voraussetzung für eine dissiminierte intravasculäre Gerinnung ist dann gegeben, wenn zwei der wichtigen Teilfaktoren kombiniert auftreten:

1. *Verlangsamung des Kapillarflusses*, bedingt durch:

a) arterielle Hypotension,

b) arterielle Vasokonstriktion,

c) simultane Dilatation aller Kapillaren,

d) Eröffnung von arterio-venösen Kurzschlüssen.

2. *Hyperkoagulabilität und Induktoren der Blutgerinnung:*

a) Acidose,

b) Hämolyse,

c) erhöhte Konzentration der Gerinnungsfaktoren,

d) bakterielle Toxine,

e) aktivierender Oberflächenfaktor (Glas, Metall, Plastik, bei extracorporaler Circulation),

f) nekrotisches Gewebe oder Tumor,

g) Fremdsubstanzen im Blut (Fruchtwasser- Fettembolie),

h) Schlangen- und Insektengifte,

i) Thrombin.

Die blutchemische Folge einer massiven Mikrothrombenbildung ist die *Verbrauchskoagulopathie*. Der Verbrauch von Gerinnungsfaktoren bewirkt eine Verarmung des Blutes an gerinnungsaktiven Substanzen und es kann anschließend zu einer Blutungsneigung auf dem Boden dieser Hypokoagulopathie kommen.

Die *Initialphase*, innerhalb derer die Aktivierung des Gerinnungssystems stattfindet, und die durch die *Hyperkoagulabilität* gekennzeichnet ist, läßt sich als Folge der intravasculär abgelaufenen Thrombinwirkung charakterisieren:

a) Verkürzung der Silikongerinnungszeit und der R-Zeit im Thrombelastogramm,

b) Verkürzung der partiellen Thromboplastinzeit,

c) Aktivitätssteigerung der Faktoren V und VIII,

d) Verminderung des Faktors XIII,

e) Nachweis von Intermediaten der Fibrinogen-Fibrin-Umwandlung (Äthanol- oder Protaminsulfattest).

Der *Aufbrauch des Hämostasepotentials* (19, 20) fällt klinisch mit der zunehmenden Durchlässigkeit der endothelialen Wand der Kapillaren zusammen infolge Schädigung der endothelialen Kittsubstanz durch Hypoxie und Acidose, woraus ein *perivasculäres Ödem* (21) und der Austritt einzelner zellulärer Elemente resultiert (22). Schließlich kann dies zu einer Blutung in das Gewebe und zum vollständigen *Zusammenbruch der Mikrocirculation* führen (23).

Die quantitative Analyse der plasmatischen Gerinnungsfaktoren läßt einen Aktivitätsverlust fast aller essentieller Komponenten erkennen:

a) Verlängerung der Blutungszeit,

b) Verlängerung der Gerinnungszeit,

c) Verlängerung der Thromboplastinzeit,

d) Verlängerung der partiellen Thromboplastinzeit,

e) Verlängerung der Thrombinzeit,

f) Verminderung des Faktors XIII,

g) Thrombocytensturz und Thrombocytopenie $\leqq$ 50000,

h) Einschränkung der maximalen Gerinnselfestigkeit im Thrombelastogramm,

i) Verminderung des Faktors V und VIII,

k) Verminderung des Fibrinogens,

l) zirkulierende Fibrinmonomerkomplexe (Äthanoltest),

m) Verkürzung der Euglobulinlysezeit,

n) Blut in Silikon wird ungerinnbar – schlechte Prognose (Silikon-Clotting-Test Hardaway).

Für die *klinische Diagnostik* ist der Übergang der ersten flüchtigen Thrombosierung durch die *Thrombocytenaggregate* als Vorläufer für eine spätere *Mikrothrombosierung der Lunge* von entscheidender Bedeutung. Noch bevor Fibrinogen und die anderen Koagulationsfaktoren Störungen aufweisen, sind im Ablauf der Homöostase die Thrombocyten die ersten Elemente, die lokal durch die Bildung eines weißen Thrombus reagieren.

Mit Hilfe radioaktiv markierter Thrombocyten wurde gezeigt, daß Thrombocytenaggregate in den ersten 2 Std vermehrt im Kreislauf auftreten und den Siebungsdruck erhöhen, und daß sie innerhalb von 3–4 Std wieder aus dem Kreislauf verschwinden und selektiv in den Lungen abgefangen werden (BERGENTZ)[2]. Da zumindest ein Teil dieser Thrombocyten in den Lungenkapillaren zerfällt, wird ihnen Bedeutung für die Freisetzung von Mediatoren, z. B. Serotonin, und die dadurch erhöhte Drucksteigerung im Pulmonaliskreislauf, gesteigerte Permeabilität und Entstehung von Endotheldefekten beigemessen.

Ein *Thrombocytensturz* geht diesen Ereignissen parallel oder gar kurzfristig voraus, so daß die Bestimmung der Thrombocyten für die Diagnose eine unumgängliche Maßnahme geworden ist. Ihr kommt insofern eine übergeordnete Bedeutung zu, als die *Zählung der Thrombocyten* unabhängig von speziellen Labors und differenzierten Meßmethoden erfolgen kann.

Da die *Lungen* in den letzten Jahren mehr und mehr als *lebenslimitierendes Organ* in der Behandlung des traumatisch-hämorrhagischen Schocks in Erscheinung getreten sind, haben wir an einer größeren Anzahl von Patienten überprüft, ob die arteriellen Blutgase und die Parameter des Säure-Basen-Haushaltes evtl. Hinweise auf die Veränderung in der Lungenstrombahn geben können und welche prognostische Bedeutung ihnen zukommt (Abb. 5).

63 Patienten mit *postoperativem septischem Schock* wurden 61 Patienten mit *traumatisch-hämorrhagischem Schock* gegenübergestellt. Das Patientengut wurde jeweils in 3 Untergruppen eingeteilt.

In der *1. Gruppe* ist die *dissiminierte intravasculäre Gerinnung* durch *Thrombocytensturz* $\leqq 50\,000/mm^3$ und Abnahme der plasmatischen thrombinsensiblen *Gerinnungsfaktoren* I, II, V, VIII, und XIII unter 50% gesichert.

Bei 25 Patienten, die nach postoperativem septischem Schock und 21 Patienten, die nach posttraumatischem Schock verstarben, wurde die Diagnose *pathologisch-anatomisch* durch eine diffuse *Mikrothrombosierung der Lungenstrombahn* gesichert, indem in den Kapillaren, Arterien und Venen frische und ältere Thromben aus Blutplättchen und Fibrin, ein starkes Gefäßwandödem und perivasculäres Ödem sowie eine Erweiterung der periarteriellen Lymphbahnen nachgewiesen wurden.

2. Gruppe : In 26 Fällen, die nach postoperativ-septischem Schock und in 22 Fällen, die nach posttraumatisch-hämorrhagischem Schock verstarben, war die Diagnose durch eine Verbrauchskoagulopathie gesichert.

---

[2] Schock: Stoffwechselveränderungen und Therapie. Von W. E. ZIMMERMANN und I. STAIB. S. 419. Stuttgart: Schattauer 1970

Die *3. Untergruppe* bestand aus 12 Patienten, die einen postoperativ-septischen Schock und aus 18 Patienten, die einen posttraumatisch-hämorrhagischen Schock überlebten.

Bei allen Patienten wurde eine kontrollierte Beatmung mit dem Engström-Respirator durchgeführt. Die Mittelwerte der anfänglichen Atemminutenvolumina der einzelnen Gruppen liegen zwischen 9,4 und 10,2 l/min mit einem prozentualen Sauerstoffanteil, der von 28–48% reicht.

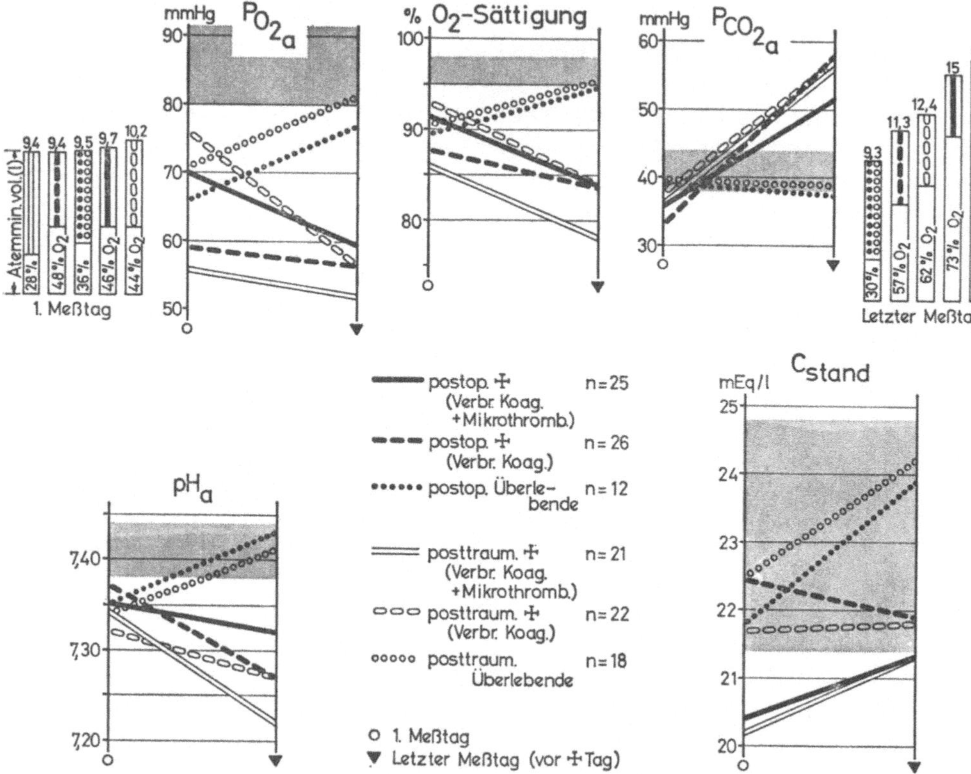

Abb. 5. Vergleich der Atemminutenvolumina und des prozentualen Sauerstoffanteils der Inspirationsluft sowie der art. Blutgase und des Säure-Basen-Haushaltes bei 63 Patienten mit p.op septischem Schock und 61 Patienten mit traumatisch-hämorrhagischem Schock. PO_{2a} = art. Sauerstoffspannung mmHg, O_2-Sättigung %, PCO_{2a} = art. Kohlensäurespannung mmHg, pHa = art. pH-Wert, Cstand = Standard-Bicarbonat mEq/l. Einzelheiten s. Text

Während das *Atemminutenvolumen* und der prozentuale Anteil des Sauerstoffs in den beiden Gruppen, die überlebten, gering zurückgeht, verzeichnen wir in der Gruppe der pathologisch-anatomisch gesicherten *dissiminierten intravasculären Gerinnung* ein Atemminutenvolumen, das im Durchschnitt fast das *Doppelte des Ausgangswertes* beträgt, wobei der *Sauerstoff-anteil auf 73 bzw. 85%* angestiegen ist. Besonders bezeichnend ist jedoch, daß bereits am 1. Meßtag die Durchschnittswerte der arteriellen Sauerstoff-spannung und -sättigung bei denjenigen Patienten am niedrigsten sind, die nach traumatisch-hämorrhagischem Schock zwischen dem 5.–8. Tag und nach postoperativ-septischem Schock meist zwischen dem 14.–21. Tag ver-starben. Von entscheidender Bedeutung ist dabei, daß *trotz* zunehmendem Atemminutenvolumen mit wesentlich *erhöhtem O_2-Zusatz* im weiteren Verlauf die arterielle *Sauerstoffspannung und -sättigung bei allen Patienten,* die später *verstarben,* weiter *abnehmen* und sich nur in der Gruppe der Überlebenden normalisieren.

Ein wichtiges *Kriterium für die weitere Prognose* ist der mit einem p = < 0,001 signifikante *Anstieg* der arteriellen *Kohlensäurespannung* und das Auf-treten einer respiratorischen Acidose trotz der Steigerung der Atemminu-tenvolumina. Diese Veränderung ist nur teilweise als zunehmende Vertei-lungsstörung durch eine *Zunahme des Totraumanteils* an der *Gesamtventilation* zu erklären. Tatsächlich erhöhte sich der *Quotient VD/VT* in unseren Fällen weit über den Normwert von 0,3 hinaus auf 0,63. Wir können daraus fol-gern, daß *63% des Atemminutenvolumens beim Gasaustausch nicht mehr effektiv sind.* Die Kombination von Abfall der Sauerstoffsättigung und -spannung und gleichzeitigem Anstieg der Kohlensäurespannung weist darüber hinaus aber auf eine *Diffusionsstörung* durch *Verkleinerung der Kapillaroberfläche* und Verkürzung der Kontaktzeit in den noch funktionstüchtigen Lungen-alveolen hin bei *Herzminutenvolumina zwischen 6 und 17 Litern.*

Greifen wir von den Verstorbenen 17 und von den Überlebenden 19 Fälle heraus, bei denen in den ersten 8–12 Tagen neben der blutigen Messung des *arteriellen Blutdruckes* auch der *Druck in der A. pulmonalis* und der *zentral-venöse Druck* und außerdem *Lactat, freie Fettsäuren* und *Neutralfette* sowie die *Thrombocyten* bestimmt wurden, so ergeben sich weitere Hinweise auf be-deutsame Veränderungen in der Lungenstrombahn.

Hinsichtlich der *Sauerstoffsättigung,* der arteriellen und zentralvenösen *Sauerstoff- und Kohlensäurespannung* und dem pH-Wert verzeichnen wir je-weils ab dem 3. Tag zwischen Verstorbenen und Überlebenden einen mit einem p < = 0,001 signifikanten Unterschied, der von dem bereits oben Besprochenen nicht wesentlich abweicht (Abb. 6).

Bei den hämodynamischen Parametern fällt eine *vergrößerte Blutdruck-amplitude* auf, wobei der Mitteldruck nur gering über dem der Überlebenden liegt. Besonders deutlich unterscheidet sich der *Mitteldruck* in der *A. pul-monalis,* der bei den Patienten, die später verstarben, im Durchschnitt 10 mmHg höher gefunden wird als bei den Überlebenden (Abb. 7). Unter-schiedlich verhält sich auch der *zentralvenöse Druck,* der bei den Verstorbenen höher liegt und insbesondere 1–2 Tage präfinal deutlich ansteigt. *Generell spiegelt aber der zentralvenöse Druck die Veränderungen in der Lungen-Strombahn*

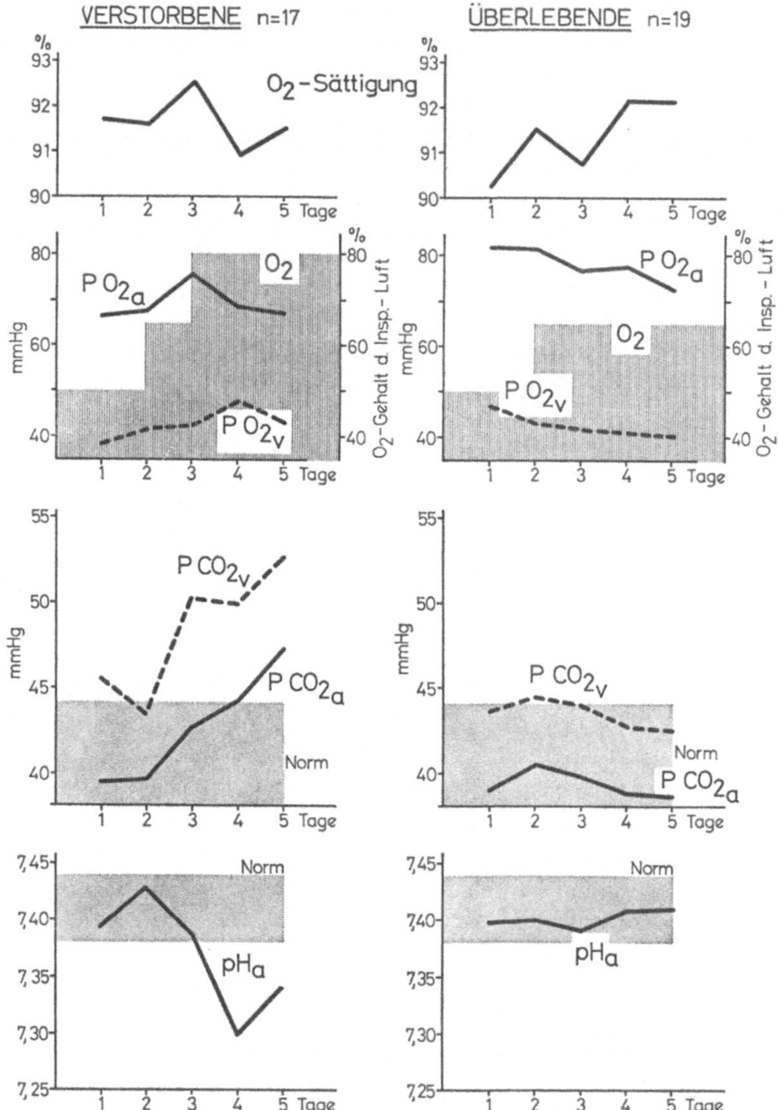

Abb. 6. Gegenüberstellung der art. Sauerstoffsättigung (O$_2$-Sättigung %), der art. Sauerstoffspannung (PO$_{2a}$ mmHg) und der Sauerstoffspannung des Mischblutes in der Pulmonalarterie (PO$_{2v}$ mmHg), der art. und zentral-venösen Kohlensäurespannung (PO C$_{2a}$, PCO$_{2v}$ mmHg) und des art. pH-Wertes bei Patienten nach traumatisch-haemorrhatischem Schock mit dissiminierter intravasculärer Gerinnung, die später verstarben (*n* = 17), und solchen, die überlebten (*n* = 19). In Darstellung 2 ist zusätzlich der Prozentgehalt der Inspirationsluft während der Respiratorbeatmung angegeben

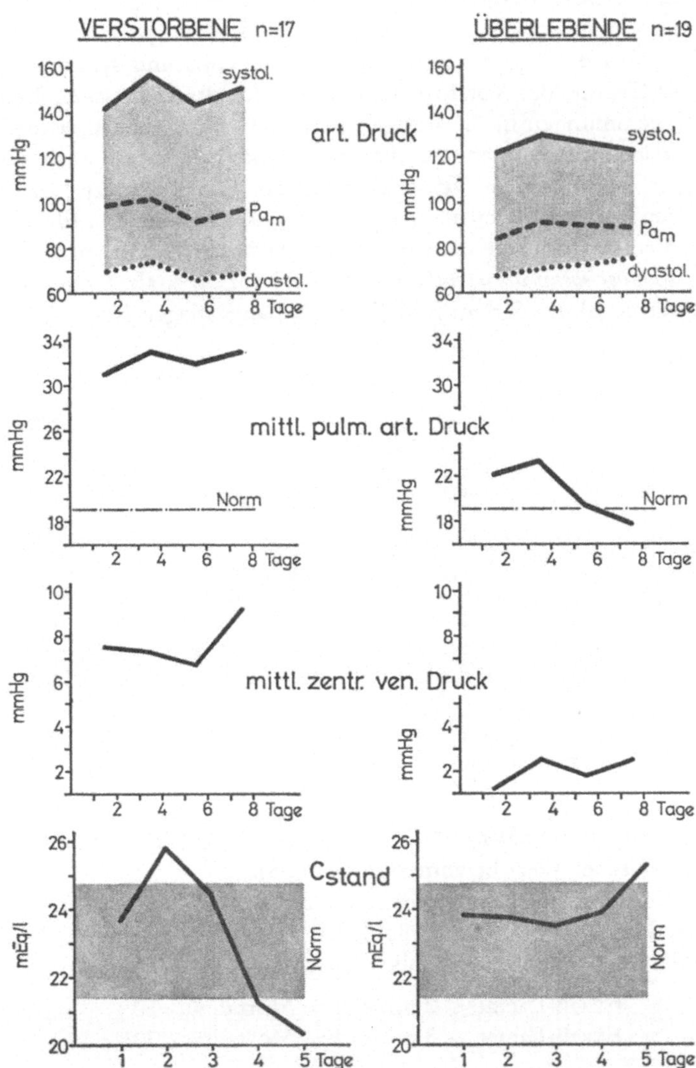

Abb. 7. Vergleich des arteriellen Blutdruckes und des mittleren Pulmonalarterien-druckes (mmHg) sowie des mittleren zentralvenösen Druckes (mmHg) und des Standard-Bicarbonatwertes (Cstand mEq/l) bei Patienten mit dissiminierter intra-vasculärer Gerinnung, die später verstarben ($n = 17$) und die überlebten ($n = 19$)

nur unvollständig wieder, und man sollte der Pulmonalisdruckmessung mit dem Einschwemmkatheter (GRANDJEAN) den Vorzug geben.

Die *Lactatacidose* unterrichtet u.a. über den Schweregrad des Schocks. Der Unterschied zwischen beiden Gruppen ist mit $p = < 0,001$ signifikant, wobei die Differenz zwischen zentralvenös und arteriell, die wir nur in der Gruppe der Verstorbenen finden, Ausdruck massiver Leukocyteneinschwemmungen in die Lungen sein kann. Generell hängt die Intensität der Lactatacidose nicht nur von der Hypoxie, sondern auch von den hepatischen funktionellen Veränderungen ab. Die Leber ist nämlich bei anhaltender Ischämie nicht mehr in der Lage, die anfallende Milchsäure zu Glykogen zu resynthetisieren, sondern produziert selbst Milchsäure. Dabei nimmt die *Überlebenswahrscheinlichkeit* von 90 auf 10% ab, wenn der Blutmilchsäurespiegel um 6–8 mMol/l (50 mg%) angestiegen ist.

Abb. 8. Überlebenschance (%) in Beziehung zum Exzeß-Lactat mMol/l (aus ZITTEL/ZIMMERMANN)[3]

Auch dem *Lactatüberschuß* $[XL = [(L_n — L_0) — (P_n — P_0)] L_0/P_0]$ ist ein prognostischer Wert beizumessen (Abb. 8).

Fällt das Exzeß Lactat trotz Behandlung nicht ab oder steigt nach vorübergehendem Abfall wieder an, so deutet dies auf eine Gewebsschädigung hin, die die *Überlebenschance* erheblich einschränkt.

Exzeß-Lactat < 2 mMol/l = Mortalität   50%
Exzeß-Lactat > 5 mMol/l = Mortalität   70%

Bei einer sog. *Hyperlipazidämie*, einem erhöhten Spiegel von *freien Fettsäuren*, die im vorliegenden Beispiel durch die Steigerung des *freien Glycerins* (im Gegensatz zu freien Fettsäuren wird es mangels Glycerokinase nicht zur Wiederveresterung herangezogen), das sich in Ausmaß und Richtung gleich verhält, angezeigt wird, sind eine *Verringerung der Glucosetoleranz*

[3] Akute chirurgische Erkrankungen, ZITTEL/ZIMMERMANN, Stuttgart: Georg Thieme 1970

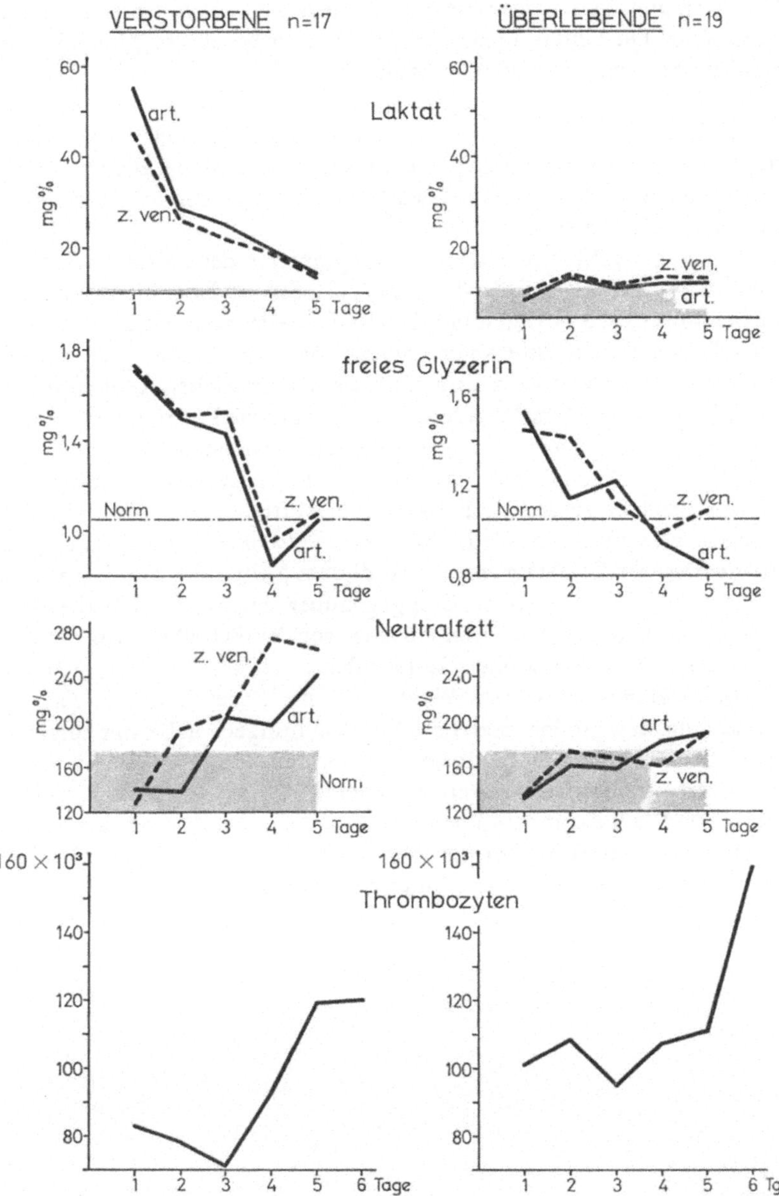

Abb. 9. Vergleichende Untersuchungen von Lactat (mg-%), freiem Glycerin (mg-%), Neutralfett (mg-%) und Thrombocyten bei Patienten mit dissiminierter intravasculärer Gerinnung, die später verstarben ($n = 17$) und die überlebten ($n = 19$)

und Entwicklung einer *Insulinresistenz* sowie *vermehrter Gerinnbarkeit* des Blutes zu diskutieren. Die Unterschiede zwischen Verstorbenen und Überlebenden sind dabei mit einem $p = < 0,05$ schwach signifikant (Abb. 9). Während unter Acidose und Katecholaminausschüttung eine vermehrte Lipaseaktivität und Lipolyse für den erhöhten Spiegel von freien Fettsäuren verantwortlich gemacht werden können, kann auch die Aufnahme, die im wesentlichen in Leber und Muskulatur stattfindet, infolge der eingeschränkten Perfusion vermindert sein.

Ein *Anstieg von Neutralfetten*, die vornehmlich in der Leber synthetisiert werden, zeigt, daß dies frühestens nach 24 Std und bei einer Leber im Schock erst nach ca. 3–4 Tagen möglich ist. Dabei ist der Anstieg bei den Patienten, die versterben, intensiver und mit einem $p = < 0,01$ signifikant. Außerdem besteht zwischen zentralvenösem und arteriellem Blut zum Zeitpunkt der klinischen Verschlechterung eine deutliche Differenz, die zusammen mit histologisch-morphologischen Befunden annehmen läßt, daß durch den zusätzlichen Ausfall von *Neutralfetten* die *Mikrothrombenbildung intensiviert* wird, indem zusätzlich Fett-Tropfen auftreten und die pulmonale Zirkulation verschlechtert wird. Einen *entscheidenden Hinweis* hierfür liefert die *Bestimmung der Thrombocyten*, die zu diesem Zeitpunkt, am 3. Tag, den intensivsten Abfall aufweisen. Demgegenüber zeigen die Überlebenden nach einem geringen Abfall einen Anstieg, der deutlich über dem des Ausgangswertes liegt und besonders lange anhält.

Röntgenaufnahmen der Lungen zeigen meist nach dem 2. und 3. Tag eine Verbreiterung der großen und mittelgroßen Lungengefäße mit ungleichmäßigen Schatten, aber einheitlicher Dichte. Die Lungenperipherie ist bemerkenswert gefäßarm und durch eine netzartige Struktur gekennzeichnet. Die streifigen Veränderungen scheinen den septalen Strukturen der Lungen zu entsprechen und infolge des erhöhten intraalveolären Druckes und der perivasculären Ödeme zur Darstellung zu kommen.

Spezielle diagnostische Maßnahmen, Methoden und Geräte bei Mikrozirkulationsstörungen im Gehirn

Von **H. J. Reulen**

Wenn man sich in einer akuten Situation rasch orientieren will, in welchem der Teilkreisläufe des Organismus eine unterkritische Perfusion vorliegt oder vorgelegen hat, so darf man davon ausgehen, daß das Gehirn im Vergleich zu anderen Organen durch verschiedene regulatorische Prinzipien gut geschützt ist. Vergleicht man nämlich z. B. den Einfluß einer Senkung des arteriellen Mitteldrucks durch eine Hämorrhagie auf verschiedene lebenwichtige Organe, so zeigt sich, daß dem Gehirn und dem Herz eine relativ größere Fraktion des insgesamt reduzierten Herzzeitvolumens zuströmt und somit die Durchblutung dieser Organe länger aufrechterhalten bleibt, während die Durchblutung von Leber und Niere bereits stark reduziert ist (Sapirstein et al.). Obwohl ich Neurochirurg bin, muß ich also die Priorität anderen Organen zubilligen.

Die methodischen Möglichkeiten zur Festellung einer Störung der Mikrozirculation im Gehirn sind sehr beschränkt. Die Messung der Hirndurchblutung kann wegen der relativ langen Vorbereitungszeit im akuten Falle nicht weiterhelfen. Das EEG zeigt bei Fällen einer lokalen oder generalisierten hypoxischen Störung gelegentlich zunächst eine Frequenzbeschleunigung, dann immer eine Frequenzverlangsamung, die bis zum Theta-Bereich gehen kann. Gelegentlich finden sich temporale Herdveränderungen und rhythmische Theta-Delta-Gruppen über dem Frontalhirn. Schließlich sistiert die elektrische Hirnaktivität.

Andere Methoden wie die Messung des Lactatgehaltes bzw. des Lactat-Pyruvat-Quotienten im cisternalen Liquor kommen für die klinische Praxis weniger in Frage. Ein Anstieg des Lactatgehaltes über 2 μ mol/ml bzw. des Lactat-Pyruvat-Quotienten über 15 stellt einen äußerst feinen Indikator für eine Hypoxie des Hirngewebes dar. Die einfachste und beste Methode zur Beurteilung ist sicher der klinische Zustand des Patienten, d. h. seine Bewußtseinslage und seine evtl. neurologischen Ausfälle.

Die erste Orientierung gibt der Bewußtseinszustand, d. h. die Orientierung zur Person, Zeit und Ort. Mit zunehmender Schwere einer hypoxischen Schädigung ist mit einer Somnolenz und schließlich mit einem Coma zu rechnen. Bei schweren hypoxischen Schäden ist regelmäßig eine Pupillenerweiterung mit fehlender Lichtreaktion, fehlenden Eigen- und Fremdreflexen und z. T. auch fehlenden Reaktionen auf Schmerzreize zu erwarten.

Literatur

SAPIRSTEIN, L. A., SAPIRSTEIN, E. H., BREDEMAYER, A.: Effect of hemorrhage on the cardiac output and its distribution in the rat. Circulat. Res. 8, 135 (1960).

Spezielle diagnostische Maßnahmen, Methoden und Geräte bei Mikrozirkulationsstörungen in der Niere

Von **H. E. Franz**

Ob renale oder extrarenale Ursachen für ein Nierenversagen verantwortlich sind, geben Bestimmungen von Harnstoff und Osmolarität im Plasma und Urin und die Errechnung des Quotienten Urins und Plasmas wertvolle Hinweise. Ebenso sollte eine Bestimmung der Natriumkonzentration im Urin ausgeführt werden. Siehe Tabelle 1.

Tabelle 1

	Prärenale Urämie	akute tubuläre Nekrose
U/P Harnstoff	> 10	< 10
U/P Osmolarität	> 1,4	1,0
Urinnatrium	< 60 mäq/l	> 70 mäq/l

Spezielle diagnostische Maßnahmen, Methoden und Geräte bei Mikrozirkulationsstörungen im Intestinum

Von **K. Meßmer**

Die Diagnose von Mikrozirkulationsstörungen im Darm ist schwierig, da dieses Organ der direkten Untersuchung ziemlich unzugänglich ist. Die massivsten Funktionsstörungen ergeben sich bei völligem Darniederliegen der intestinalen Mikrozirkulation (extrem: hämorrhagische Mucosanekrose). Jede Störung der intestinalen Mikrozirkulation kann unabhängig von ihrer Ursache eine *hämodynamisch* bedingte *Darmatonie* auslösen. Wie die Abbildung 1 schematisch zeigt, resultiert bei Abnahme der Mesenterica-

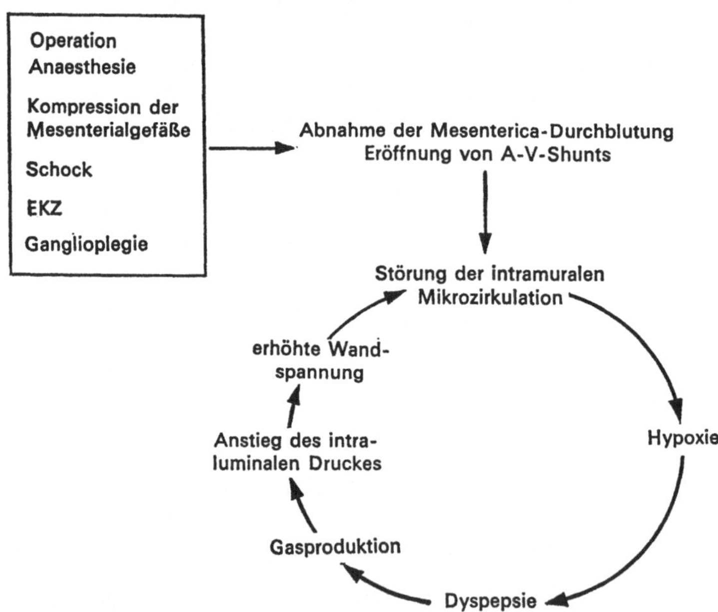

Abb. 1. Schematische Darstellung der Ursachen und Entwicklung der hämodynamisch bedingten Darmatonie

durchblutung infolge Eröffnung arterio-venöser Shunts in der Submucosa eine Störung der *intramuralen* Mikrozirkulation, welche zu Hypoxie, Dyspepsie und Anstieg des intraluminalen Druckes führt. Dieser wiederum intensiviert durch die Erhöhung der Darmwandspannung die Mikrozirkulationsstörung weiter.

Zusammengefaßt ergibt sich die Diagnose einer Mikrozirkulationsstörung am Darm aus der Differentialdiagnose der Darmparese bzw. -atonie. Die hierzu erforderlichen Maßnahmen sind allgemein bekannt.

Spezielle therapeutische Maßnahmen bei Mikrozirkulationsstörungen im Gehirn

Von **H. J. Reulen**

In erster Linie ist natürlich die Wiederherstellung eines normalen zirkulierenden Blutvolumens, eines ausreichenden arteriellen Druckes sowie einer ausreichenden Oxygenation des Blutes von Bedeutung.

In der letzten Zeit ist von verschiedenen Arbeitsgruppen der günstige Einfluß von Volumen-Expandern, Macrodex und Reomacrodex, hervorgehoben worden, die zu einer deutlichen Erhöhung der Hirndurchblutung führen sollen (GOTTSTEIN und HELD, HÄGGENDAHL). Es handelt sich hier

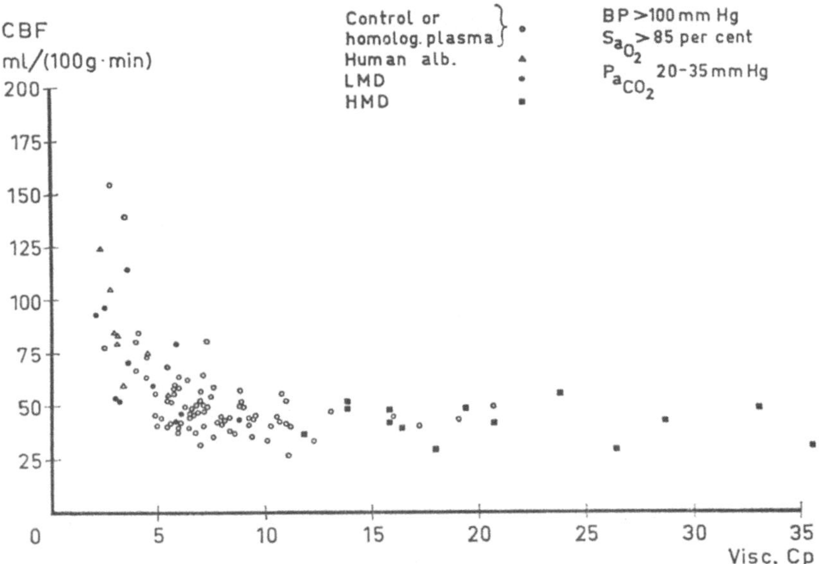

Abb. 1. Cerebral blood flow (CBF) correlated to viscosity determined at a shear rate of 23 sec⁻¹. The viscosity has been varied by blood substitution with plasma or albumin, low molecular weight dextran (LMD: mean molecular weight 40,000) and high molecular weight dextran (HMD: mean molecular weight 5 mill.). Within the given ranges of mean arterial blood pressure (BP), arterial oxygen saturation (Sa_{O_2}) and arterial carbon dioxide tension (Pa_{CO_2}) the CBF is influenced to minor extent [HÄGGENDAHL and NORBÄCK; Acta chir. scand., Suppl. 364, p. 13 (1966)]

aber keineswegs um eine spezifische Wirkung des Dextrans, vielmehr wird der Effekt ursächlich über die Hämodilution, d.h., die Viscositätsabnahme des Blutes ausgelöst, wie die Abbildung 1 zeigt. Wenn die Viscosität unter 5 Centipoise absinkt (d.h. HK ca 30), steigt die Hirndurchblutung, hier gemessen als lokale cortikale Durchblutung, steil an. Verantwortlich ist vermutlich die reduzierte Sauerstoff-Transportkapazität des Blutes.

Dieser Effekt kann sowohl im Rahmen der akuten Schockbehandlung für das Gehirn ausgenützt werden; ihm kommt aber besonders dann Bedeutung zu, wenn das Gehirn primär an einem Trauma beteiligt war, wenn also lokalisierte Störungen der Mikrozirculation z.B. bei einem posttraumatischen Ödem vorliegen. Im Experiment ist die Überlebensrate von Tieren nach einer schweren Contusio cerebri größer, wenn unmittelbar nach dem Trauma eine Hämodilution mit niedermolekularem Dextran vorgenommen wurde.

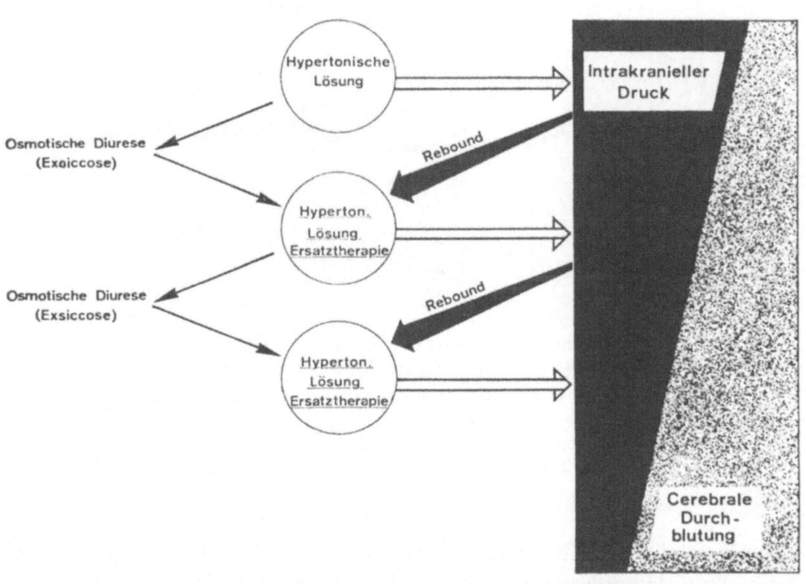

Abb. 2. Schematische Darstellung einer protrahierten Osmotherapie, der notwendigen Ersatztherapie und der Wirkung der protrahierten Osmotherapie auf den intrakraniellen Druck und die cerebrale Durchblutung

Bei der Behandlung eines erhöhten intrakraniellen Druckes stehen uns für den akuten Fall grundsätzlich 2 Methoden zur Verfügung, die sich beide ergänzen können. Das ist einmal die sog. „protrahierte Osmotherapie" und zum anderen eine mäßige Hyperventilation.

Bei der Anwendung der „protrahierten Osmotherapie" wird davon ausgegangen, daß nach der Infusion einer hypertonischen Lösung zur Senkung eines erhöhten intracraniellen Druckes spätestens nach 6–8 Std ein Rebound-Effekt auftritt (Abb. 2). Deshalb wird die Infusion einer hypertonischen Lösung – wir verwenden an unserer Klinik eine 40%ige Sorbitlösung – alle 8 Std im Rahmen des normalen Infusionsplanes wiederholt. Als therapeutischen Effekt nutzen wir die Erhöhung der Serumosmolarität gegenüber dem Hirngewebe und dem Liquor aus, wodurch auf osmotischem Wege Flüssigkeit aus dem Gehirn entzogen wird, der intracranielle Druck abnimmt und die reduzierte Hirndurchblutung sich wieder normalisiert. Als unerwünschter Nebeneffekt tritt aber eine erhebliche osmotische Diurese auf und deswegen muß ein entsprechender Flüssigkeits- und Elektrolytersatz durchgeführt werden. Bei richtiger Kontrolle kann diese „protrahierte Osmotherapie" 4–6 Tage bis zur Heilung durchgeführt werden.

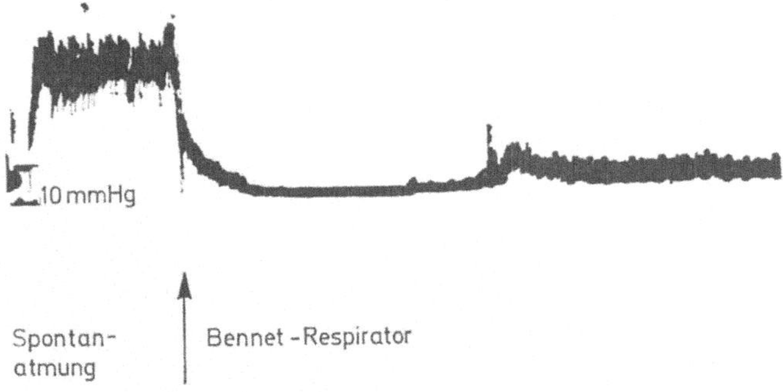

Abb. 3. Der Einfluß einer mäßigen Hyperventilation auf den intrakraniellen Druck. Die Messung des intrakraniellen Druckes wurde nach der LUNDBERG-Methode durchgeführt. Bei Spontanatmung lag der intrakranielle Druck bei 35–45 mmHg. Nach Beginn einer mäßigen Hyperventilation und Senkung des $paCO_2$ von 42 auf 30 mmHg fiel der intrakranielle Druck auf Werte zwischen 5 und 10 mmHg ab und blieb konstant

Die Kontrollen sollen sich in erster Linie gegen die Gefahr einer Hypovolämie bzw. Hämokonzentration als Folge der osmotischen Diurese richten. Neben den üblichen Kreislaufkontrollen über Puls und Blutdruck hat sich als besonders hilfreich die Messung des zentralen Venendrucks erwiesen. Ferner muß eine sehr exakte Bilanzierung der Flüssigkeits- und Elektrolyteinfuhr und -ausfuhr vorgenommen werden. Bei täglicher Kontrolle des HK, der Erykonzentrationen, der Serumelektrolyte, der Urinmenge und wenn möglich auch der Urinelektrolyte muß der renale Flüssigkeits- und Elektrolytverlust zusätzlich dem Verlust der Perspiratio insensibilis genau ersetzt werden.

Alternativ bei leichteren Fällen von Hirndrucksteigerung oder ergänzend zur potrahierten Osmotherapie kann eine mäßige Hyperventilation mit einer Senkung des $PaCO_2$ auf etwa 30 mmHg angewandt werden. Dadurch läßt sich in vielen Fällen eine erhebliche Senkung des intracraniellen Druckes herbeiführen, wie das folgende Beispiel zeigt (Abb. 3):

Bei einem Kind wurde der intracranielle Druck nach einem Schädel-Hirn-Trauma fortlaufend registriert. Da er auf etwa das 2–3fache der Norm angestiegen war und die Osmotherapie nur einen jeweils kurzfristigen Druckabfall erbrachte, entschlossen wir uns zu einer apparativen Hyperventilation. Nach Erhöhung des Atemminutenvolumens von 5 auf 7 l fiel der intracranielle Druck sofort auf einen Wert von 5 mmHg ab und blieb dann konstant. Nach 48 Std hatte sich die Hirnschwellung zurückgebildet und der Hirndruck blieb bei Spontanatmung niedrig.

Literatur

GOTTSTEIN, U., HELD, K.: Effekt der Hämodilution nach intravenöser Infusion von niedermolekularen Dextranen auf die Hirnzirkulation des Menschen. Deutsch. med. Wschr. 94, 522 (1966).

HÄGGENDAHL, E., NORBÄCK, B.: Effect of viscosity on cerebral blood flow. Acta chir. scand. Suppl. 364, 13 (1966).

Spezielle therapeutische Maßnahmen bei Mikrozirkulationsstörungen in der Niere

Von **H. E. Franz**

Wenn der Harnstoff im Serum noch nicht über 80 mg% angestiegen ist, ist der in Tabelle 1 beschriebene Mannit- oder Furosemid-Test angezeigt.

Die Tendenz beim akuten Nierenversagen ist heute früher und häufiger zu dialysieren um die urämische Manifestation zu verhindern und nicht zu behandeln. Objektive Kriterien für die Dialyseindikation sind:

1. Ein klinisch sich rasch verschlechterndes Bild mit Eintrübung des Bewußtseins, Muskelzuckungen usw.
2. Ein rasch im Serum ansteigender Harnstoff (über 60 mg%/Tag).
3. Ein Plasma-Kalium über 7 mäq/l und
4. ein Harnstoff über 300 mg%.

Tabelle 1

---

1. Erzeugen einer osmotischen Diurese mit Mannit
   100 ml 20% Mannit werden in 15 min i.v. gegeben. Steigt der Urinfluß auf 40 ml/min an, dann weitere Mannitgaben (10%) sowie Ersatz der ausgeschiedenen Elektrolyte und Flüssigkeit
   Bleibt der Urinfluß unter 40 ml/min, Behandlung wie akute tubulare Nekrose
2. Infusion von Furosemid (500 mg) in Glucose über 3–4 Std

Spezielle therapeutische Maßnahmen bei Mikrozirkulationsstörungen im Intestinum

Von **K. Meßmer**

Durch vasoaktive Pharmaka lassen sich Durchblutungsstörungen am Darm kaum beeinflussen. Tierexperimentell konnten wir dagegen zeigen, daß hyperosmolare Lösungen einen protektiven Effekt sowohl auf die normale als auch auf die gestörte Darmdurchblutung ausüben (MESSMER u. SCHMIDT-MENDE, 1971)[1]. Aus diesem Grunde wurde bei Patienten, bei denen eine hämodynamisch bedingte postoperative Darmatonie anzunehmen war, eine Infusionstherapie mit der hyperosmolaren-hyperonkotischen Rheomacrodex-Sorbitlösung[2], welche im Tierversuch den besten Effekt gezeigt hatte, durchgeführt. Um eine Wirkung auf die Darmdurchblutung zu erzielen, muß lokal ein osmotischer Gradient von mindestens 15 mosmol/l aufgebaut werden; hierdurch kann die glatte Muskulatur angeregt, sowie Flüssigkeit aus dem Interstitium in den Intravasalraum mobilisiert, und dadurch die stagnierende Kapillarperfusion wieder in Gang gebracht werden. Um diesen entscheidenden osmotischen Gradienten zu erreichen, muß das in Tabelle 1 dargestellte Infusionsschema eingehalten werden. Da durch

Tabelle 1. *Infusionsschema zur Therapie der postoperativen Darmatonie; Dosierung hyperosmolarer Lösung*
(Rheomacrodex 10% – Sorbit 20 %)

---

1. Intravenöse Schnellinfusion von 1,5 ml/kg KG innerhalb 10 min
2. Intravenöse Infusion von 6 ml/kg KG während der nächsten 50 min
3. Normale postoperative Flüssigkeitstherapie

---

diese Infusionsbehandlung bei normaler Nierenfunktion eine massive Osmodiurese ausgelöst wird, erfordert die postoperative Flüssigkeitstherapie und Kontrolle des Natriumhaushaltes besondere Sorgfalt.

---

[1] MESSMER, K. u. SCHMIDT-MENDE, M.: Dtsch. med. Wschr. **95**, 557 (1970).
[2] Rheomacrodex 10 % – Sorbit 20 %, Knoll AG, Ludwigshafen.

Die Ergebnisse bei Anwendung dieser Therapie bei 62 Patienten sind in Tabelle 2 zusammengestellt: Unabhängig vom Therapiebeginn führt die Infusion von Rheomacrodex-Sorbitlösung bei Einhaltung der angegebenen Infusionsgeschwindigkeiten zur Normalisierung der Darmfunktion, be-

Tabelle 2. *Prophylaxe und Behandlung der postoperativen Darmatonie mit hyperosmolarer Lösung*

Therapiebeginn	Anzahl d. Patienten	Darm- geräusche %	Beginn d. D.-Geräusche min	Spontan- Defäkat.	Zweit- infusion
1. Tag p.o.	7	100	7	7/ 7	2/ 7
2. Tag p.o.	12	100	8,6	12/12	1/12
keine spez. Vorbehandlung	33	100	9	31/33	5/33
Atonie trotz konservativer Behandlung	10	100	6–20	10/10	2/10

urteilt nach Auftreten von Darmgeräuschen und Defäkation. Bei 33 Patienten stellte diese Infusionsbehandlung, vor Anwendung konservativer Maßnahmen, wie Applikation von Cholinergica usw., die erste darmanregende Therapie dar. Durch eine Zweitinfusion (siehe letzte Spalte) konnte in allen Fällen die Darmtätigkeit in Gang gebracht werden. Voraussetzung für eine erfolgreiche Therapie ist jedoch die Gewißheit, daß weder ein mechanischer, hypokaliämischer oder hypoproteinämischer Ileus vorliegt. Eine hämodynamisch bedingte Darmatonie darf erst nach sicherem Ausschluß dieser Möglichkeiten angenommen werden. (Einzelheiten, sowie Indikationsstellung siehe MESSMER u. SCHMIDT-MENDE, 1970/71.)[3]

---

[3] MESSMER, K. u. SCHMIDT-MENDE, M.: Anaesthesist, **20**, 184 (1971).

Hypovolämie

Ursachen der intravasalen Hypovolämie

Von **M. Halmágyi**

Die möglichen Ursachen der intravasalen Hypovolämie sind in der Tabelle 1 zusammengestellt.

Tabelle 1. *Ursachen der intravasalen Hypovolämie*

1. Innere Blutung
   z. B. Leberriß, Lungenkontusion
2. Äußere Blutung
   z. B. Magenblutung, Unfall
3. Flüssigkeitsverlust nach innen
   Ascites, Ödembildung
4. Flüssigkeitsverlust nach außen
   z. B. Ileus, Erbrechen, Flüssigkeitskarenz

Unter normalen Umständen befinden sich etwa $^2/_3$ des Körperwassers im intracellulären und etwa $^1/_3$ im extracellulären Raum (Tab. 2).

Der EZR wird noch weiter unterteilt in einen interstitiellen Raum (ISR) und einen intravasalen Raum (IVR). Der intravasal liegende Teil ist das Plasmawasser. Die Wasserbestände dieser beiden Räume zeigen ein Verhältnis von 1:5.

Tabelle 2. *Die einzelnen Flüssigkeitsräume im menschlichen Organismus*

EZF 10 l		IZF 24 l	
Kationen	Anionen	Kationen	Anionen
155 mÄq/l	155 mÄq/l	155 mÄq/l	155 mÄq/l
mosm = 310/l		mosm = 310/l	

In jedem Liter der extra- und intracellulären Flüssigkeit befinden sich in der Kationen- und Anionensäule je 155 mÄq. Somit enthält 1 l Körperflüssigkeit 310 Milliosmole. Daher ist:

$$\begin{array}{lll} \text{EZW} & + \text{IZW} & = \text{GKF} \\ \text{(extracell. Fl.)} & + \text{(intracell. Fl.)} & = \text{(ges. Körperfl.)} \\ 10 \times 310 & + 24 \times 310 & = 10\,540\ \text{mOsm.} \end{array}$$

Grundsätzlich wird der intravasale Raum und zwar jeweils entsprechend seinem Volumenanteil an dem extracellulären bzw. gesamten Körperwasserraum von allen Volumenänderungen mitbetroffen. Eine „selbständige" Änderung des intravasalen Volumens – neben akuten Blutungen – kann noch in Abhängigkeit von der jeweiligen Eiweißkonzentration insbesondere der des Albumins auftreten.

Die anteilmäßige Abnahme der Größen einzelner Flüssigkeitsräume ist davon abhängig, ob die Flüssigkeitsverluste normo-, hypo- oder hyperton waren.

Bei reinen Wasserverlusten werden alle Räume proportional betroffen (Abb. 1). Ebenso wie bei der Infusion von Wasser z.B. Zuckerlösungen letzten Endes eine Verteilung der infundierten Menge in dem gesamten Körperwasser erfolgt. In diesem Falle wird der intravasale Raum relativ gering betroffen.

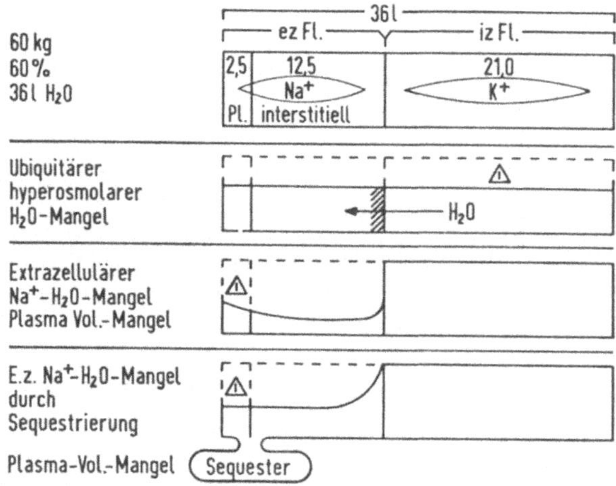

Abb. 1. Veränderungen des Plasmavolumens bei H₂O-Mangel und Na⁺-H₂O-Mangel

Normotone Flüssigkeitsverluste führen zu isolierten Änderungen des extracellulären Raumes. Die anteilmäßige Schrumpfung des intravasalen Raumes ist relativ groß. Man muß noch berücksichtigen, daß Wasserbewegungen zwischen den intra- und extracellulären Raum in Abhängigkeit der momentanen osmotischen Verhältnisse zusätzlich auftreten, d.h. daß bei hypertonen Verlusten ein zusätzliches Abströmen des extracellulären Wassers in den intracellulären Raum erfolgt. Bei dieser Störung ist die Abnahme des Plasmawassers relativ am größten.

Literatur

HALMÁGYI, M.: Der Wasser- und Elektrolythaushalt. In: Lehrbuch der Anaesthesiologie und Wiederbelebung (Herausgeber: FREY, R., HÜGIN, W., MAYRHOFER, O.) 2. Aufl., S. 73–82, Berlin-Heidelberg-New York: Springer 1971.

Störungen der Kreislauffunktion bei der intravasalen Hypovolämie

Von **C. Müller**

Der Kreislauf hat die dynamische Verteilung des gegebenen Herzzeitvolumens zur Aufrechterhaltung der Organfunktion zur Aufgabe, wobei ein Gewebszeitvolumen als ausreichend zu betrachten ist, das bei genügender Stromstärke die biochemischen Transport- und Austauschvorgänge erfüllen kann. Die durch intravasale Hypovolämie verursachten Störungen der Funktion manifestieren sich im Makro- und Mikrozirkulationsbereich.

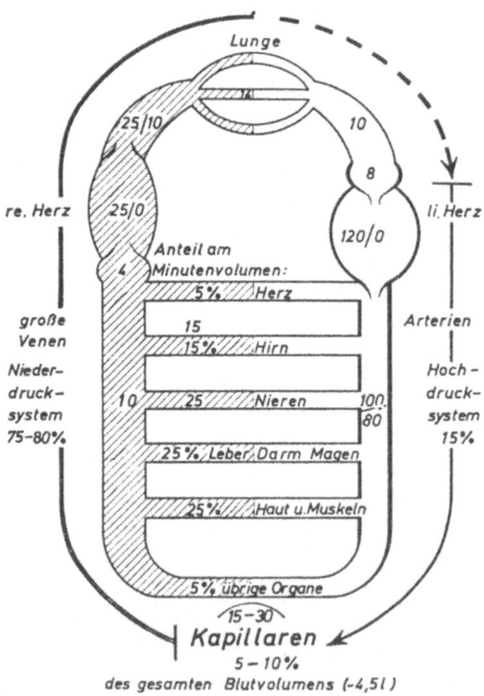

Abb. 1. Organminuten volumina (intravasale und intracardiale Drucke in mmHg)

Dem Makrozirkulationsbereich stehen entsprechend der Verteilung des zirkulierenden Blutvolumens auf Hoch- und Niederdrucksystem und der Aufteilung des Herzzeitvolumens in Vorzugs- und Drosselbezirke verschiedene Möglichkeiten zur Kompensation einer intravasalen Hypovolämie zur Verfügung:

1. Als kardiale Sofortreaktion stehen dem Herzen zu Überbrückung von akuten Volumenänderungen 1–2 Schlagvolumina von ca. 60–70 ml Blut, das sog. intrakardiale Blutvolumen zur Verfügung.

2. Das intrapulmonale Blutvolumen von ca. 5–6 Schlagvolumina ist als zweites Sofortdepot bei akuter Hypovolämie zu betrachten. Insgesamt sind also zur Spontanreaktion auf Volumenänderungen das intrathoracale Blutvolumen von 25–30% des gesamten zirkulierenden Blutvolumens, insgesamt ca. 1,5 l für den Erwachsenen vorhanden.

3. Als Gefäßreaktion stellen sich sowohl im venösen wie im arteriellen Gefäßbereich bei intravasalen Volumenverlusten ausgedehnte Vasokonstriktionen ein. Die Durchblutung von Organen wie Haut und Muskeln, Magen-Darm, Niere werden zugunsten von Hirn- und Coronardurchblutung gedrosselt. Da ein Großteil des zirkulierenden Blutvolumens sich im Niederdrucksystem befindet, steht mit der Steigerung des Venentonus dem Organismus ein Mittel zur Förderung des venösen Rückstroms zur Verfügung.

Tabelle 1. *Macrozirkularstörungen und ihre Folgen*

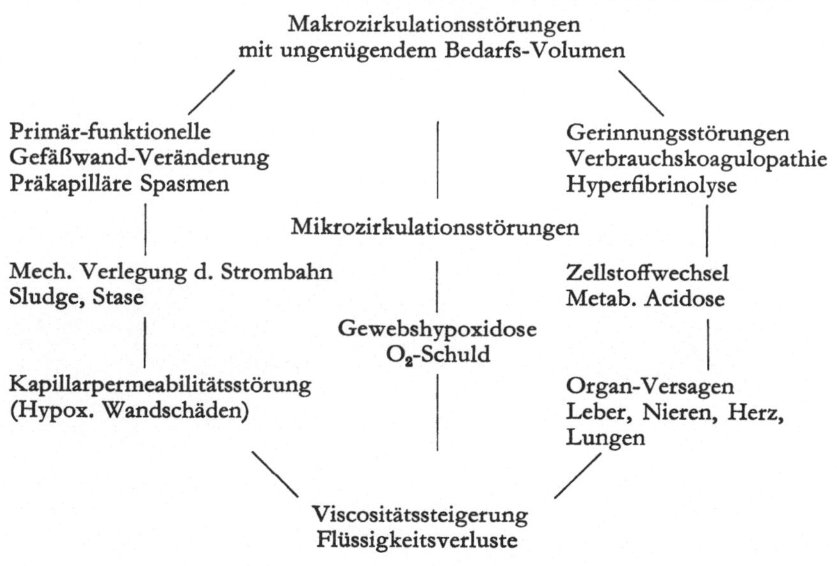

Nach Mobilisierung dieser Mechanismen sinkt zunächst das Schlagvolumen, falls trotz arterieller und venöser Gefäßkonstriktion der venöse Rückfluß zum Herzen nachläßt. Durch Frequenzsteigerung kann das Herzzeitvolumen auch bei sinkendem Schlagvolumen noch aufrechterhalten werden. Erst nach deutlicher Reduzierung des Herzzeitvolumens kommt es zum Absinken des arteriellen Mitteldruckes und damit zur reduzierten Gewebsperfusion.

Unmittelbare Folge der Makrozirkulationsstörung sind Änderungen der Mikrozirkulation infolge des absinkenden arterio-venösen Gewebsperfusionsdruckes. Auch in diesem Bereich bestehen primär präkapilläre funktionelle Spasmen, jedoch kommt es bereits nach kurzer Zeit zur Verlegung der Strombahn durch Mikrothromben. Diese führen zu hypoxydotischen Kapillarwandschädigungen, die Flüssigkeitsverluste in den extravasalen Raum verursachen. Als Folge der Mikrozirkulationsstörung entsteht eine Gewebshypoxie und eine Sauerstoffschuld des Gesamtorganismus. Die Auswirkungen bestehen in der disseminierten intravasalen Gerinnungsstörung, die ihrerseits den Zellstoffwechsel stört und zur intracellulären metabolischen Acidose führt. Dieser Circulus vitiosus führt durch sekundäres Organversagen, insbesondere der Herz- und Lungenfunktion zum letalen Ausgang, wenn eine sinnvolle Therapie unterbleibt.

Diagnostische Fragen in der Reihenfolge
der Dringlichkeit

Von **C. Müller**

Volumenverluste aus dem Gefäßsystem können akut, perakut oder chronisch entstehen. Die Toleranz des Organismus gegenüber der Hypovolämie hängt von verschiedenen Faktoren ab, die für den weiteren Verlauf entscheidend sind. Im Vordergrund aller klinisch-diagnostischen Betrachtungen steht die Beurteilung der vitalen Bedrohung des Patienten, die durch vier folgende Fragen geklärt werden muß:

1. Wie hoch ist schätzungsweise der bisherige prozentuale Verlust des zirkulierenden Blutvolumens, unabhängig vom Zeitfaktor. Während Verluste von ca. 60% sofort zum Tode führen infolge hypoxischen Herzstillstandes, sind 30–60% Verluste als schwer und lebensbedrohlich aufzufassen, jedoch therapeutisch noch zu beeinflussen. Verluste von 10–30% sind als mäßig und von 0–10% als leicht zu bezeichnen.

2. Wie hoch sind die weiteren Volumenverluste in der Zeiteinheit einzuschätzen? Diese Frage muß vor jedem therapeutischen Vorgehen beantwortet sein, um die Entscheidung zwischen dringend operativen bzw. konservativen Vorgehen treffen zu können.

3. Welche Störungen der Makrozirkulation liegen vor? Diese Frage soll der Beurteilung der Vitalbedrohung lebenswichtiger Zentren durch die

Tabelle 1

Welche klinisch-diagnostischen und differentialdiagnostischen Fragen sollen in der Reihenfolge der Dringlichkeit bei einer intravasalen Hypovolämie beantwortet werden?

Frage 1:
Bisherige Verluste des zirkulierenden Blutvolumens in Prozent des angenommenen Gesamt-Blutvolumens unabhängig vom Zeitfaktor?

Frage 2:
Wie hoch sind weitere Verluste in der Zeiteinheit einzuschätzen?

Frage 3:
Welche Störungen der Makrozirkulation liegen vor?

Frage 4:
Sind bereits Störungen der Mikrozirkulation nachweisbar?

Änderungen der Makrozirkulation dienen. Im Vordergrund steht hierbei der Abfall des Mitteldrucks im coronaren und cerebralen Gefäßsystem sowie das Ausmaß der bestehenden Kreislaufzentralisation.

4. Sind bereits Störungen der Mikrozirkulation nachweisbar? Bei ausreichenden Vitalfunktionen bezieht sich diese Frage auf die Dauer der Hypovolämie. Bei längerer Kreislaufzentralisation entstehen auch bei noch kompensierten Schock Mikrozirkulationsstörungen mit irreperablen Organschäden. Erst im weiteren Verlauf gewinnt die ursächlich und differentialdiagnostische Abklärung der Hypovolämie Bedeutung. Hierbei steht im Vordergrund die Differenzierung der Hypovolämie durch:

1. reine Blutverluste,
2. Blut- und Plasmaverluste,
3. reine Plasmaverluste,
4. Wasser- und Elektrolytverluste,
5. intravasale Blutverluste.

1. Reine Blutverluste stehen in ihrer Vitalbedrohung für den Gesamtorganismus an erster Stelle. Während offene und geschlossene Gefäßverletzungen sowie Arrosionsblutungen differentialdiagnostisch rasch geklärt werden können, entziehen sich kleinere Blutungen in Hohlorganen wie Bronchialsystem, Intestinaltrakt und Körperhöhlen (Abdomen, ableitende Harnwege und Schädel) zunächst der Diagnose.

2. Blut- und Plasmaverluste entstehen zunächst als reine Blutverluste bei akuten thrombotischen Verschlüssen großer Venenstämme mit oft erheblicher Verminderung des zirkulierenden Blutvolumens und stark ausgeprägter Kreislaufzentralisation. Durch erhöhten Kapillardruck entstehen bei der Phlebothrombose zusätzliche Plasmaverschiebungen in den extravasalen Raum. Bei intestinalen Venenstämmen mit der Mesenterialvenenthrombose ist die Differentialdiagnose gegenüber Verschlüssen peripherer Venen wie die Phlegmasia coerulia dolens erschwert.

3. Plasmaverluste über die Körperoberfläche mit Hämokonzentration, Hypovolämie und Steigerung der Blutviskosität findet man bei Verbrennungen und Stromunfällen. Peritonitis, Ileus, Pankreatitis und Ascitesbildung verursachen Plasmaverluste in die Bauchhöhle und Darmlumina. Intrathoracale Volumenrezeptoren bewirken über den Aldosteronmechanismus, im Hirnstamm liegenden Osmorezeptoren über den ADH-Mechanismus die endokrine Hypovolämie z.B. beim Morbus Addison und der Thyreotoxikose, insbesondere bei krisenhaften Zuständen.

4. Reine Wasser- und Elektrolytverluste entstehen bei Verlusten aus dem Intestinaltrakt und forcierter Diurese beim Hyperosmolaritätscoma.

5. Intravasale Hypovolämie entsteht auch bei orthostatischer Dysregulation, vago-vasaler Synkope, Cava-Kompressionssyndrom und beim VALSALVASCHEN Preßversuch.

Diagnostische Maßnahmen, Methoden und Geräte

Von **M. Halmágyi**

Die einzelnen diagnostischen Maßnahmen bei einer intravasalen Hypovolämie infolge Störungen des Wasser-Elektrolythaushaltes sind in Tabelle 1 angegeben.

Tabelle 1. *Diagnostische Maßnahmen bei der intravasalen Hypovolämie*

1. Klinische Symptome
   Anamnese
   Schocksymptome
   Zeichen der Exsikkation

2. Meßwerte
   Konzentrationsgrößen der Blutbestandteile
   Zirkulierendes Plasmavolumen
   Gewicht der Patienten
   Stickstoffbilanz

3. Berechnungen

Bei den üblichen klinischen Schocksymptomen sollte man beachten, daß Durst und Oligurie bei exsikkotischen Patienten nicht immer vorhanden sind:

1. Durst als Symptom kommt bei der hypertonen und isotonen Dehydration regelmäßig vor. Bei der hypotonen Dehydration (Zellödem!) kann sie durchaus fehlen.

2. Die Oligurie ist bei der hypertonen Dehydration regelmäßig vorhanden. Bei der isotonen und hypotonen Dehydration besteht die Oligurie nur zu Beginn, im weiteren Verlauf kann sie oft durch normale oder übernormale Urinausscheidung abgelöst werden. Die Ursache dieses Verhaltens ist in der mangelhaften Konzentrationsfähigkeit der Niere zu suchen, welche durch die Mangeldurchblutung entsteht.

Die einzelnen Formen der Störungen des Wasser- und Elektrolythaushaltes sind in Tabelle 2 angegeben. Die Differentialdiagnose richtet sich in erster Linie nach den Konzentrationswerten der Blutbestandteile.

Tabelle 2. *Differentialdiagnosen der Störungen des Natrium- und Wasserhaushaltes*

Art der Störung	Ery-Zahl Hb-Gehalt	Protein-Gehalt	Hämatokrit	Mittleres Erythroc.-Volumen	Mittlerer Hb-Gehalt d. Erythroc.	[Na$^+$]	Bemerkungen
Hypotone Hyperhydration	erniedrigt	erniedrigt	mäßig erniedrigt	erhöht	erniedrigt	mäßig erniedrigt	vorwiegende Veränderungen des intracellulären Raumes
Hypertone Dehydration	erhöht	erhöht	mäßig erhöht	erniedrigt	erhöht	mäßig erhöht	
Isotone Hyperhydration	erniedrigt	erniedrigt	erniedrigt	normal	normal	normal	vorwiegende Veränderungen des extracellulären Raumes
Isotone Dehydration	erhöht	erhöht	erhöht	normal	normal	normal	
Hypertone Hyperhydration	erniedrigt	erniedrigt	stark erniedrigt	erniedrigt	erhöht	erhöht	Die Veränderungen des intracellulären und extracellulären Raumes sind gegensinnig
Hypotone Dehydration	erhöht	erhöht	stark erhöht	erhöht	erniedrigt	erniedrigt	

Bei der hypertonen Dehydration verursachen Verluste von 2–3 l außer Durst und Oligurie keine erheblichen klinischen Symptome. Ausgeprägte Oligurie, allgemeine Schwäche und Trockenheit kommen meistens bei einem Verlust von 4–5 l vor. Bei gestörtem Bewußtsein oder Verwirrtheit und Schock kann man mit einem Wasserdefizit von über 7 l rechnen.

Bei der isotonen Dehydration bewirkt ein Verlust von 2 l Flüssigkeit Müdigkeit, Tachykardie, Neigung zum orthostatischen Kollaps bei noch normalen Blutdruckwerten. Bei einem Verlust von 4 l und darüber hinaus treten Blutdruckabfall, Apathie, Bewußtseinstrübungen und Schock auf. Die Größe dieser Verluste wird nicht durch die Natriumkonzentration im Serum widerspiegelt.

Tabelle 3. *Berechnungsformeln bei der Diagnose der intravasalen Hypovolämie*

$$\text{Wasserdefizit} = \frac{([\text{Na}^+] - \text{Istwert}) - ([\text{Na}^+] - \text{Sollwert}) \times 0{,}2 \times \text{kg-KG}}{[\text{Na}^+] - \text{Sollwert}}$$

$$\text{Mittlere Erythrocytenvolumen (MCV)} = \frac{\text{Hämatokritwert (\%)} \times 10}{\text{Ery-Zahl (Mill.)}}$$

$$\text{Mittlere erythrocytäre Hämoglobinkonzentration (MCHC)} = \frac{\text{Hämoglobinkonzentration (g \%)} \times 100}{\text{Hämatokritwert (\%)}}$$

$$\text{BV}_{\text{Soll}} \text{ in } 1 = \frac{\text{kg-Körpergew.} \times (5{,}5\text{–}7{,}5)}{100}$$

$$\text{PV}_{\text{Ist}} = \frac{\text{BV}_{\text{Ist}} \times (100 - \text{Htk}_{\text{Ist}})}{100}$$

$$\text{EZR}_{\text{Soll}} = 5 \times \text{PV}_{\text{Soll}}$$

$$\text{Ion}_{\text{Def.}} = \text{EZR}_{\text{Def.}} \times ([\text{Ion}]_{\text{Soll}} - [\text{Ion}]_{\text{Ist}})$$

Soll-Wert = Normalwert; Ist-Wert = gemessener Wert; Htk = Hämatokritwert; Ion = Ionenkonzentration (mval/l)

Bei der hypotonen Dehydration werden die Schocksymptome infolge der zusätzlichen Wasserverluste aus dem extracellulären Raum in den IZR noch schneller, d. h. bei relativ kleinen Verlusten nach außen, auftreten.

Tabelle 4. *Stoffwechselbilanzblatt*

Stoffwechselbilanz von _____ Uhr bis _____ Uhr

Nr.	Name: _____ Alter: _____ Größe: _____ Datum: _____									
	Lösung	Flüssigkeit in ml	Fett in g	Zucker in g	Alkohol in g	Stickstoff in g	Na$^+$	Cl$^-$	K$^+$	Ca^{++}
Einfuhr — i. v. Therapie										
per os										
Gesamtmenge										
Oxydationswasser										
Ausfuhr — Urin										
Persp. ins./Schweiß										
Stuhl										
Trachea/Speichel										
Kondenswasser										
Drainage/Fistel										
Erbrech./Magens.										
Gesamtmenge										
Tagesbilanz (+/—)										

Fortl. Bilanz (+/—) zu:

Na$^+$	mäq	Blut	ml	
K$^+$	mäq	Wasser	ml	
Ca^{++}	mäq	Stickstoff	g	
Cl$^-$	mäq	Gewicht	kg	

Ges. Cal.	Soll: _____ Cal:	Ist: _____ Cal:
Blut-Zufuhr:		ml
Blut-Verlust:		ml
Tagestemperatur:		°C
Gewicht:		kg

Laboruntersuchung

Nr. Bestandteil	Einheit	Blut/Serum Norm	Blut/Serum Befund	Urin Norm	Urin Befund
Natrium	mäq/l	135–145			
Chlorid	mäq/l	98–107		100–200	
Kalium	mäq/l	3,8–5,1		60–90	
Ery.-Kalium	mäq/l	81–107		—	
Calcium	mäq/l	4,4–5,2		0,4–15	
Osmolalität	mosm/kg	299–301		200–1200	
Ges. Eiweiß	g %	6,5–7,9		—	
Ges. Stickstoff	g/Tag	—		10–18	
α-Amino-N	g/Tag	—		0,4–0,8	
Rest-N	mg %	28–39		—	
Harnstoff	mg %	14–40		2000–3500	
Kreatinin	mg %	0,5–1,2		54–160	
Zucker	mg %	65–120		—	
Ketonkörper	mg %	0,3–0,9		1–3	
pH-Wert (art.)	log d. H$^+$—Konz.	7,35–7,45		5–9	
pCO$_2$	mmHg	35–43		Spez. Gew.:	
Stand.-Bic.	mäq/l	21,3–24,8		Bemerkungen:	
Bas.-Übersch.	mäq/l	± 2,3			
pO$_2$	mmHg	85–98			
O$_2$-Sättig.	%	95–97			
Erythrocyt.	M/μl	4,5–5,0			
Hämoglobin	g %	13–16			
Hämatokrit	%	40–46			
MCHC	%	34			
MCV	μ^3	86			
Blut-Vol.	ml	5,5–7,5% d. Körp.-Gew.			
Prothrombinz.	%	100			

Unterschrift

Der Hydrationszustand des extracellulären Raumes wird auch durch die Konzentrationswerte der einzelnen Blutbestandteile angezeigt. Der Hydrationszustand des IZR wird durch das Verhalten des Einzelerythrocytenvolumens und der mittleren Hämoglobinkonzentration in den Erythrocyten widerspiegelt.

Bei bereits bestehenden Störungen der Nierenfunktion sind die Konzentrationswerte von Kreatinin, Harnstoff und Rest-N im Serum erhöht.

Man muß jedoch bedenken, daß alle bisher besprochenen Laboratoriumsbefunde lediglich die Konzentration der genannten Substanzen wiedergeben und damit Volumenänderungen des extracellulären Raumes nicht anzeigen.

Quantitative Hinweise auf Volumenveränderungen können nur mit Hilfe der Blutvolumenbestimmung erhalten werden. Das zirkulierende Plasmavolumen wird nämlich jedesmal entsprechend seinem Volumenanteil an dem gesamten EZR verändert sein. So widerspiegeln die Änderungen des zirkulierenden Plasmavolumens anteilmäßig die Abnahme oder Zunahme der Wasserbestände des EZR. Das zirkulierende Plasmavolumen kann heute in der Klinik mit der Isotopen-Verdünnungs-Methode wiederholt gemessen werden, und das Plasmavolumendefizit mit Hilfe der Normalwerte für das zirkulierende Blutvolumen und der des Hämatokritwertes errechnet werden (Tab. 3).

Hierdurch ist es möglich, auf das extracelluläre Volumendefizit und mit Hilfe der Konzentrationswerte der Ionen auf das extracelluläre Ionendefizit Rückschlüsse zu erhalten.

Tabelle 5. *Ausstattung*

Notfall-Labor

1. Blutgasanalyse
2. Oxymeter
3. Flammenphotometer
4. Chloridmeter
5. Osmometer
6. Blutvolumen-Meßgerät
7. Hämatokrit-Meßgerät
8. Blutzuckerbestimmung

Wünschenswert:

Photometer
Ery- u. Leukozählgerät
Elektrophorese
Gerinnungsstatus

Zusatzeinrichtung:

Kühlschrank
Trockenschrank usw.

Insbesondere bei länger dauernden Bilanzierungen ist es am einfachsten, die Einfuhr- und Ausfuhrgrößen regelmäßig täglich zu registrieren und neben der Berechnung der täglichen Bilanzen eine fortlaufende Bilanz, d.h. eine Buchung der Einnahmen und Ausgaben, vorzunehmen, wobei die einzelnen Konzentrationswerte bzw. Meßgrößen in Blut und Serum als Kontrolle registriert werden (Tab. 4).

Mit Hilfe der Stickstoffbilanzen erhält man eine Auskunft über die Kapazitätsänderungen des IZR für das Wasser und andere Bestandteile, da die Stickstoffbilanzen den jeweiligen Zustand des Gleichgewichtes zwischen Zellzerstörung und Zellaufbau, d.h. Anabolie und Katabolie widerspiegeln.

Für die hier besprochenen diagnostischen Maßnahmen sind die einzelnen Geräte in der Tabelle 5 zusammengestellt. Diese sind diejenigen, die im Notfall-Labor der Intensivtherapiestation vorhanden sein sollten.

Literatur

HALMÁGYI, M.: s. Der Wasser- und Elektrolythaushalt. In: Lehrbuch der Anaesthesiologie und Wiederbelebung (Herausgeber: FREY, R., HÜGIN, W., MAYRHOFER, O.) 2. Aufl., S. 73–82. Berlin-Heidelberg-New York: Springer 1971.

Soforttherapie bei lebensbedrohlichen Störungen

Von **R. Dölp**

Eine intravasale Hypovolämie führt, sobald sie ein bestimmtes Ausmaß erreicht hat, zu pathophysiologischen Reaktionen und pathomorphologischen Veränderungen, die unter dem Begriff „Schock" zusammengefaßt werden können und die bei rechtzeitig einsetzender und ausreichender Therapie vollständig reversibel sind.

Während der Erstversorgung eines Schockpatienten werden in Abhängigkeit davon, welcher Ersthelfer den Ort des Geschehens erreicht, verschiedene therapeutische Methoden zur Anwendung kommen.

1. Für den *Laien* bestehen begrenzte Möglichkeiten, eine kritische Zeitspanne zu überbrücken, indem er den Patienten in eine Schräglage bringt und dazu das Fußende, z.B. einer Krankentrage um etwa 15° anhebt. Das zusätzliche Aufrichten der Beine (sog. Taschenmesserposition) bedingt eine weitere Verbesserung des venösen Rückflusses und damit eine vermehrte Perfusion lebenswichtiger Organe. Bei äußeren Verletzungen wird sich durch das Anlegen eines Druckverbandes eine provisotische Blutstillung erreichen lassen.

2. *Außerhalb der Klinik* stellt sich dem *Arzt* als Erstbehandelnden die Aufgabe, einer zunehmenden Störung vorzubeugen und durch die Sicherung eines Erhaltungsstoffwechsels irreparable Organschäden zu vermeiden. Die sich verstärkende Vasokonstriktion mit allen daraus entstehenden Folgerungen läßt sich in der Mehrzahl der Fälle durch eine dem Blutverlust entsprechende intravenöse Substitution von kolloidalen Volumenersatzmitteln verhindern. Hier bieten sich die im Handel erhältlichen höher molekularen Dextrane und die Gelatineabkömmlinge an. Nicht geeignet als Volumenersatzmittel erwiesen sich *nieder*molekulare Dextrane, da sie den Extracellulärraum zu sehr belasten und somit heute im Spektrum der Infusionstherapie eine andere Indikationsstellung besitzen. Ebenso ist die von Tetzlaff u.a. empfohlene Gabe von Ringer-Lactat-Lösung zum Ausgleich eines intravasalen Volumendefizits unserer Ansicht nach abzulehnen, denn

1. ist selbst bei hoher Dosierung der Volumeneffekt kaum meßbar und
2. besteht im Schock ohnehin ein Lactatstau.

Falls kein kolloidaler Volumenersatz zur Verfügung steht, jedoch Elektrolytlösungen greifbar sind, wird man auf jeden Fall die Infusionstherapie mit diesen Mitteln einleiten.

3. Die Soforttherapie des Schocks *in der Klinik* ist darauf ausgerichtet, eine baldmögliche Wiederherstellung der Homöostase zu erreichen. Neben dem Volumenersatz durch kolloidale Substanzen und der Substitution des EZR mit Wasser und Elektrolyten werden je nach Ausgangslage, die sich aus der Symptomatologie und Diagnostik ergibt, gezielt biologisch aktive Stoffe verabreicht, so 5%iges Human-Albumin, das wir für das geeignetste Volumenersatzmittel halten, oder auch Blut, Pufferlösungen zum Ausgleich einer metabolischen Acidose, Osmodiuretica und Kardiaka. Gelegentlich wird man, um die Stabilisierung wenigstens einer vitalen Funktion zu erzielen, als weitere therapeutische Maßnahme die Intubation und Beatmung in Erwägung ziehen müssen.

Klinisch-therapeutische Möglichkeiten durch die Infusionstherapie

Von **M. Halmágyi**

Die wichtigsten Aufgaben der Infusionstherapie sind in der Tabelle 1 zusammengefaßt.

Als *Volumenersatzmittel* zur Normalisierung des zirkulierenden Plasmavolumens können Plasmaprotein- und Humanalbuminlösungen Verwendung finden. Sie stehen jedoch oft nicht in ausreichenden Mengen zur Verfügung, daher sollte man auch in der Intensivtherapie auf die kristalloiden Lösungen mit künstlichen Kolloiden zurückgreifen. Heute sind nur die dextran- und gelatinehaltigen Lösungen für den Ersatz des intravasalen Volumens geeignet. Die polyvenylpyrrolidonhaltigen Lösungen haben nicht die erforderliche intravasale Volumenwirkung, da das mittlere Molekulargewicht wegen der Gefahr der Speicherung reduziert wurde.

Tabelle 1. *Aufgaben der Infusionstherapie*

1. Die sofortige Wiederherstellung der Funktion des Kreislaufs
2. Die Stabilisierung des zirkulierenden Blutvolumens
3. Die Korrektur der Störungen des Säure-Basen-Haushaltes
4. Die Behebung evtl. vorhandener Mikrozirkulationsstörungen
5. Die Vorbeugung einer ischämischen Nekrose der Nierentubuli
6. Die Herabsetzung eines erhöhten intrakraniellen Druckes
7. Die Wiederherstellung und Aufrechterhaltung des Bestandes und der Bestandteile aller Flüssigkeitsräume

Frischplasma, gelagertes Poolplasma, lyophylisiertes Trockenplasma und alle Serumeiweißpräparate – mit Ausnahme der Plasmaproteinlösung und die Humanalbuminlösung – sind ebenfalls in gleichem Maße wie die erythrocytenhaltigen Blutderivate mit Hepatitisrisiken belastet, daher sollen sie nicht als Volumenersatzmittel infundiert werden. Sie kommen nur dann zur Anwendung, wenn hämostatische oder immunologische Störungen es erfordern.

Die Verabreichung von *erythrocytenhaltigen Lösungen* wie Blutkonserven, Erythrocytenkonzentraten und gewaschenen Erythrocyten soll wegen des hohen Hepatitisrisikos und der antigenen Eigenschaften der Erythrocyten nur unter strenger Indikation erfolgen.

Die Normalisierung des extracellulären Raumes erfolgt mit Hilfe der *elektrolythaltigen Ersatzlösungen*. Diese Lösungen sind in Form von reinen Elektrolytlösungen oder als Mischpräparate (Elektrolyte und Zucker wie Glucose und Lävulose bzw. Zuckeralkohole wie Sorbit und Xylit) vorhanden. Abhängig von ihrer Elektrolytzusammensetzung werden sie als sog. „Basislösungen", „Halbelektrolytlösungen" und „Normotone Elektrolytlösungen" bezeichnet.

Gleichgültig, welche der elektrolythaltigen Ersatzlösungen zur Therapie einer bestehenden Störung des Wasser- und Natriumhaushaltes herangezogen wird, muß man stets bedenken, daß in der überwiegenden Zahl der Fälle keine der Fertiglösungen eine adäquate Elektrolytzusammensetzung aufweist. So muß man mit Hilfe der sog. Elektrolytenkonzentrate die Zusammensetzung der Fertiglösung entsprechend den jeweiligen Erfordernissen von Fall zu Fall ändern. Abgesehen von einer inadäquaten Natriumkonzentration enthalten die Fertiglösungen zuviel alkalisierende Ionen (Lactat, Acetat, Malat). Diese Kombination bringt die Gefahr der metabolischen Alkalose mit sich.

Die *Infusionstherapie mit alkalisierenden oder ansäuerden Lösungen* wird nicht nur zur Behebung der metabolischen Störungen des Säure-Basen-Haushaltes durchgeführt. Diese Lösungen müssen ebenfalls bei nicht behebbaren respiratorischen Störungen des Säure-Basen-Haushaltes im Interesse der Bewahrung der Elektronenneutralität infundiert werden, falls durch körpereigene Regulationsmechanismen keine ausreichende metabolische Kompensation der respiratorischen Störungen vorliegt. Darüberhinaus kann durch schnelle Infusion der Puffersubstanz THAM der CO_2-Partialdruck im Blut kurzfristig gesenkt werden.

Zur Behebung einer metabolischen Alkalose oder zur Kompensation einer nicht behebbaren respiratorischen Alkalose werden ansäuernde Infusionslösungen herangezogen.

Zur Ansäuerung der Körperflüssigkeiten kann man heute Ammonchlorid nicht mehr empfehlen, da es hierdurch zu einer Ammoniakvergiftung kommen kann. Diese Gefahr ist insbesondere bei Kindern zu groß.

Die Verwendung von Natrium- oder Kaliumchloridlösungen erlaubt oft keine adäquate Therapie der bestehenden Störung des Säure-Basen-Haushaltes bzw. führt zu einer zu hohen Dosierung der beiden Kationen (K^+, Na^+).

Die Verwendung von l-Lysinhydrochlorid und l-Argininhydrochlorid hat sich in letzter Zeit für die Ansäuerung der Körperflüssigkeiten gut bewährt. Die Dosierung dieser Substanz erfolgt nach dem Wert des Basenüberschuß.

Man muß weiterhin beachten, daß eine hypokaliämische metabolische Alkalose nur unter gleichzeitiger Zufuhr von Kaliumionen ausgeglichen werden kann.

Die *Infusion der rheologisch aktiven*, d. h. viscositätsvermindernden, hochprozentigen niedermolekularen Dextranlösung kommt dann zur Anwendung, wenn nach einer erfolgreichen Volumensubstitution eine Störung der Mikrozirkulation fortbesteht. Die Verabreichung dieser Lösung muß langsam erfolgen und die Dosierung darf die Grenze von 1,5 g/kg KG/ 24 Std nicht überschreiten. Es sei an dieser Stelle ausdrücklich festgestellt, daß diese Lösung kein Volumenersatzmittel ist, sie soll nur bei sonst gut hydrierten Patienten sozusagen als Medikament zur Anwendung kommen.

Die *Infusionstherapie mit hypertonen kristalloiden Lösungen* wird heute mit Hilfe der hochprozentigen Sorbit- und Mannitlösungen durchgeführt. Am wenigsten gefährlich und gleichzeitig am wirksamsten kann für die Behandlung der beginnenden Niereninsuffizienz die hochprozentige Manitlösung angewendet werden. Abhängig von dem therapeutischen Zweck sollte die Mannitlösung in zwei Konzentrationen und Dosierungen verabreicht werden. Prophylaktisch ist die langsame intravenöse Gabe der 10%igen Lösung in Mengen von 1000–2000 ml anzuraten. Bei Oligurie wird man zur Erhöhung der renalen Durchblutung eine Stoßdosis von 250 ml einer 20%igen Mannitlösung in 20–30 min geben. Zur Senkung des gesteigerten intrakraniellen Druckes infolge Gehirnödems hat sich am besten die hochprozentige Sorbitlösung bewährt. Es werden 250 ml der 40%igen Sorbitlösung innerhalb von 30 min infundiert, um einen maximalen Entwässerungseffekt des Gehirns zu erzielen. Da in den ersten 3 Tagen nach einer hypoxämischen Schädigung das Gehirnödem mit Abklingen der therapeutischen Wirkung der Sorbitlösung immer wieder entstehen kann, sollte man die Infusion in 6–8stündigen Abständen wiederholen. Eine Ergänzung dieser Therapie mit der sorbithaltigen rheologisch aktiven niedermolekularen Dextranlösung hat sich ebenfalls als sinnvoll erwiesen, es sollten hiervon nicht mehr als etwa 250 ml des Kombinationspräparates pro Tag infundiert werden.

Der erforderliche Energiebedarf kann durch *Infusion von Zucker, Zuckeralkohol, Äthanol und Fett* gedeckt werden. Durch Verabreichung dieser Lösungen werden die Stickstoffbilanzen verbessert.

Eine weitere Verbesserung der negativen Stickstoffbilanz ist nur durch die Verabreichung von *Arminosäurelösungen* möglich. Die erforderlichen Stickstoffmengen sind entgegen einer weitverbreiteten Ansicht keineswegs durch die Zufuhr von Blut und Blutderivaten zu erbringen. Die Plasmaproteine können nicht unmittelbar von den Körperzellen verwertet werden, sondern müssen sich zuerst einem Abbauprozeß unterwerfen.

Literatur

HALMÁGYI, M.: s. Infusionstherapie. In: Lehrbuch der Anaesthesiologie und Wiederbelebung (Herausgeber: FREY, R., HÜGIN, W., MAYRHOFER, O.) 2. Aufl., S. 892–904. Berlin-Heidelberg-New York: Springer 1971.

Überwachung der Therapie

Von **C. Müller**

Methoden zur Beurteilung der Therapie beziehen sich zunächst auf die Makrozirkulationsgrößen.

Tabelle 1

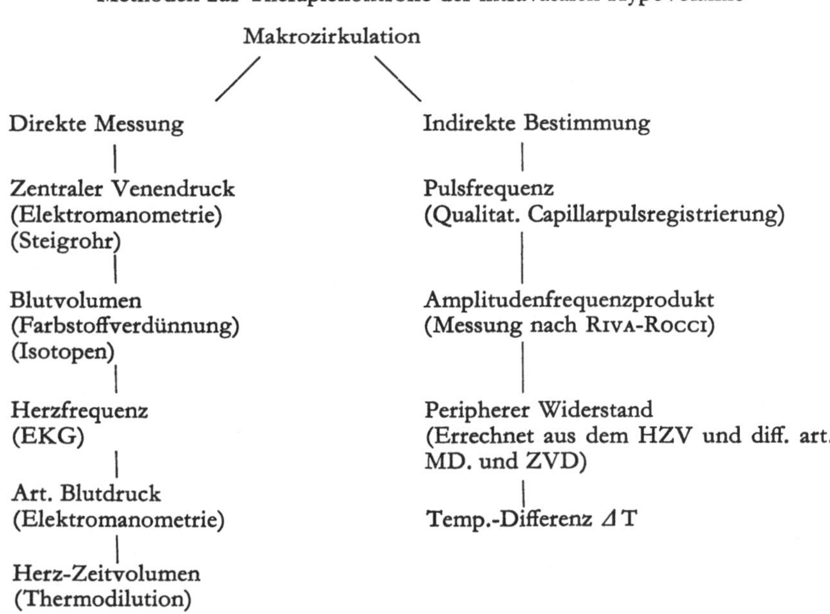

Methoden zur Therapiekontrolle der intravasalen Hypovolämie

Makrozirkulation

Direkte Messung | Indirekte Bestimmung

Zentraler Venendruck
(Elektromanometrie)
(Steigrohr)

Pulsfrequenz
(Qualitat. Capillarpulsregistrierung)

Blutvolumen
(Farbstoffverdünnung)
(Isotopen)

Amplitudenfrequenzprodukt
(Messung nach Riva-Rocci)

Herzfrequenz
(EKG)

Peripherer Widerstand
(Errechnet aus dem HZV und diff. art.
MD. und ZVD)

Art. Blutdruck
(Elektromanometrie)

Temp.-Differenz ΔT

Herz-Zeitvolumen
(Thermodilution)

Die Messung des zentralen Venendrucks steht im Vordergrund aller Kontroll- und Meßverfahren. Er resultiert aus Venentonus, zirkulierendem Blutvolumen und der Leistungsfähigkeit des Herzens das venöse Angebot über die Lungenpassage dem großen Kreislauf zur Verfügung zu stellen. Während Werte unter 5 cm H_2O immer ein zirkulierendes Blutvolumendefizit anzeigen, kann ein erhöhter zentraler Venendruck bei kardialer Insuffizienz, Übertransfusion und Kreislaufzentralisation gefunden werden.

In diesen Fällen verbietet sich auch bei noch bestehenden Volumendefizit eine weitere Substitution. Als funktionelle Größe erlaubt nur die fortlaufende Beobachtung Rückschlüsse auf eine bestehende Hypovolämie.

Die direkte Messung des zirkulierenden Blutvolumens ist mit Farbstoffverdünnungsmethoden oder isotopenmarkierten Substanzen möglich. Bei Messungen mit Jod 131 Albumin und Chrom 51 markierten Erythrozyten liegt die Meßfehlergröße im allgemeinen bei ca. 5 %, steigt jedoch erheblich bei Capillarpermeabilitätsstörungen und bei verzögerter Durchmischung infolge peripherer Vasokonstriktionen. Voraussetzung der Auswertung sind:

1. ausreichende Durchmischung,
2. keine Blutung oder Plasmaverluste während der Meßzeit,
3. keine arterio-venöse Shunts in Herz- oder Kreislaufebene.

Normalwerte müssen zur Aufrechterhaltung der Homöostase u. U. überschritten werden. Jede hämodynamische Herzinsuffizienz geht mit einem erhöhten Blutvolumen einher. Bei noch bestehender Kreislaufzentralisation kann das Erreichen von Normalwerten einer Übertransfusion gleichkommen.

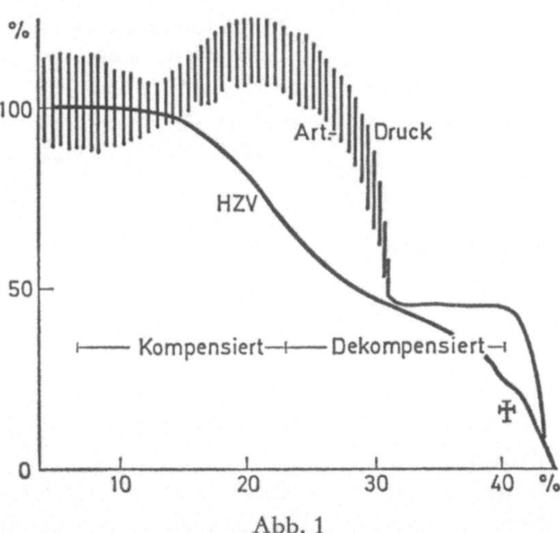

Abb. 1

Die Kreislaufgrößen sowie die Herzfrequenz und das Herzzeitvolumen sind uncharakteristische Parameter, um das Ausmaß der Hypovolämie festzustellen und zur Therapiekontrolle nur bedingt verwendbar. Die funktionelle Kompensation der Hypovolämie besteht in einer Zunahme des Gefäßwiderstandes, nur dadurch wird ein ausreichendes Herzzeitvolumen aufrechterhalten. Je größer der Blutvolumenverlust, desto geringer wird der venöse Rückstrom zum rechten Herzen. Das abnehmende Schlagvolumen verursacht eine Tachykardie, einen absinkenden zentralen Venendruck und eine erniedrigte Druckamplitude. Eine Beurteilung des Erfolgs einer Volumensubstitution sollte möglichst alle Größen erfassen.

Eine direkte Korrelation läßt sich zwischen Blutverlust und Temperaturdifferenz Delta T nach Operationen erkennen.

Die normale Temperaturdifferenz beträgt 4–5°C zwischen Rectal- und Hauttemperatur der Zehe. Obwohl die Temperaturdifferenz keine Abhängigkeit vom gesamtperipheren Widerstand erkennen läßt, gibt sie deutliche Hinweise auf das Ausmaß der Kreislaufzentralisation. Direkte Messungen des peripheren Gefäßwiderstandes können nur rechnerisch aus dem Herzzeitvolumen und der Druckdifferenz zwischen arteriellem und venösen Mitteldruck erfolgen.

Tabelle 2

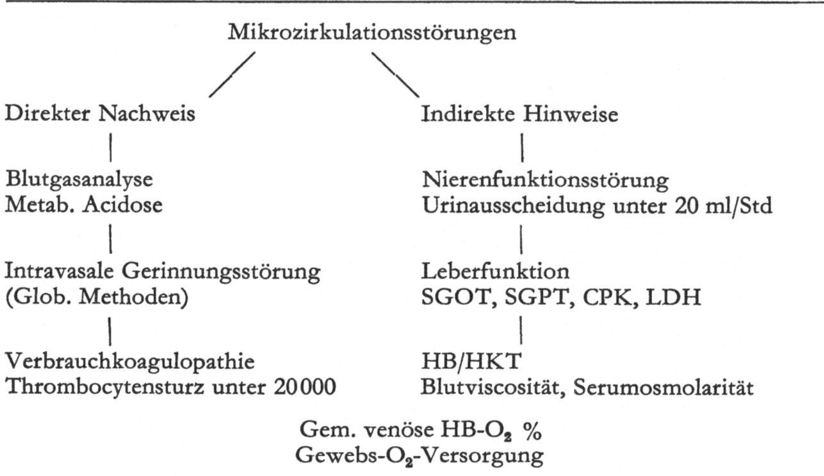

Methoden zur Beurteilung der Mikrozirkulationsstörungen beruhen auf den pathologischen Veränderungen der Blutströmung, der Gefäßwandung und des Gefäßinhaltes.

Über Prästase und Hypostase kommt es zur Veränderung der Stoffwechsellage in Richtung metabolischer Acidose. Neben der Blutgasanalyse gibt die Bestimmung des Excess-Lactates eindeutige Hinweise auf eine bestehende Sauerstoffschuld des Gesamtorganismus.

Die Folge einer intravasalen disseminierten Gerinnung ist immer eine hyperfibrinolytische Blutung mit pathologischen Global-Gerinnungstests. Die Behandlung generalisierter, sekundär hyperfibrinolytischer Blutungen nach einer Verbrauchskoagulopathie erfordert den differentialdiagnostischen Einsatz zumindest des Clot observation test. Bei bestehender Ver-

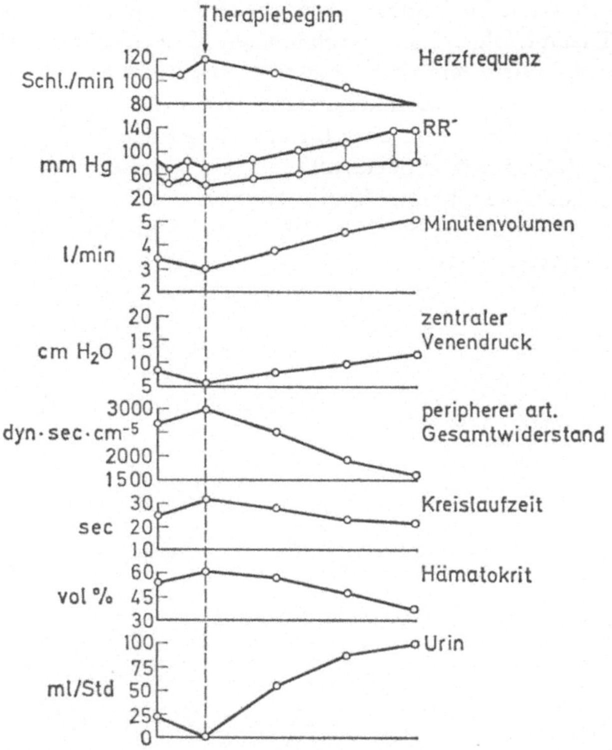

Abb. 2. Volumentherapie zur Beseitigung der Zentralisation

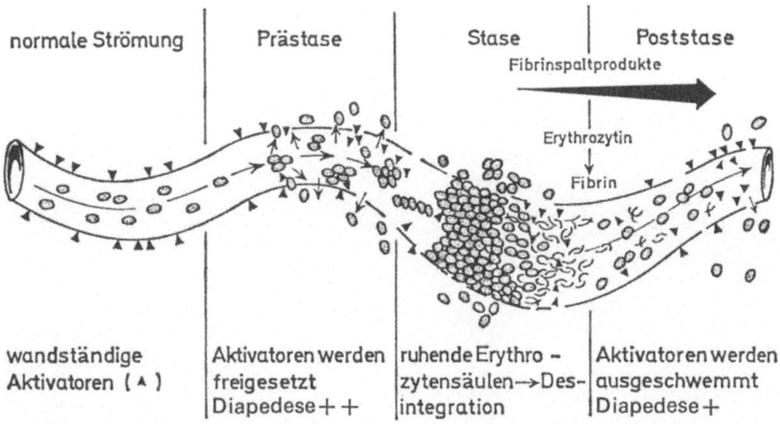

Abb. 3. Gefäßwand und Gefäßinhalt bei Mikrozirkulationsstörungen

brauchskoagulopathie sind immer ansteigende Thrombocytenzahlen Hinweise auf Therapiefolge. Neben sekundären Organfunktionsstörungen, insbesondere der Niere und der Leber sind Viscositätsveränderungen des Blutes und Hämokonzentration kennzeichnend für den Verlauf der Mikrozirkulationsstörung und damit auch für den Erfolg der Therapie. Ein Absinken der gemischt-venösen Sauerstoffsättigung oder besser des kritischen Sauerstoffdruckes unter 40 mmHg gibt Hinweise auf eine nicht bedarfsgerechte Gewebsperfusion. Sie läßt jedoch keine direkten Rückschlüsse auf das Herzzeitvolumen zu.

Störungen des Sauerstofftransportes

Einflußgrößen des Sauerstofftransportes im Blut

Von **J. Grote**

Die wichtigsten Einflußgrößen für den Sauerstofftransport im Blut von der Lunge zu den Organen sind die Durchblutungsgröße sowie die O_2-Kapazität und die O_2-Affinität des Blutes.

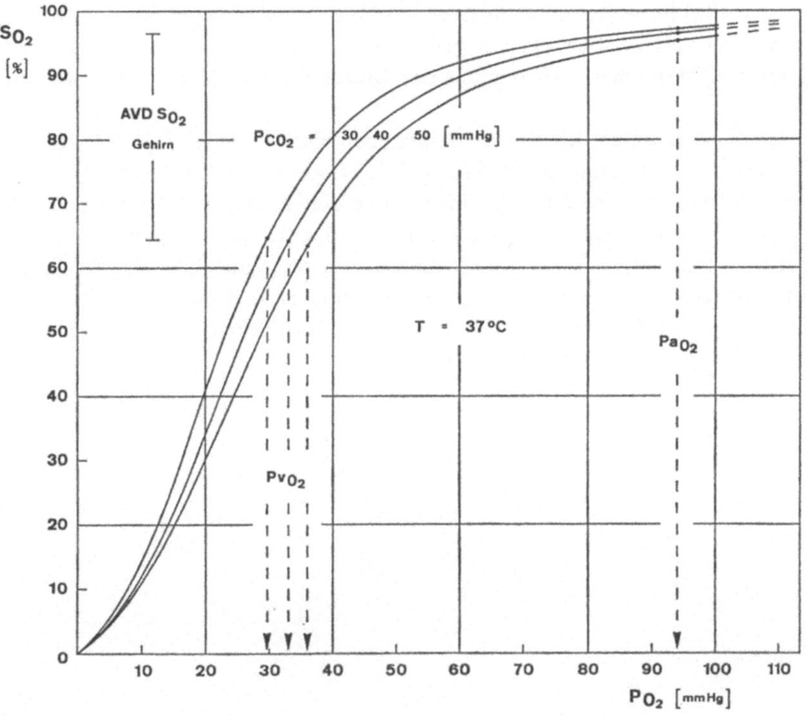

Abb. 1. Der Einfluß des Verlaufes der O_2-Bindungskurve des Blutes auf die O_2-Aufnahme in der Lunge und den O_2-Druckabfall im Blut der Hirncapillaren bei unterschiedlichen CO_2-Drucken. Abszisse: O_2-Druck in mmHg. Ordinate: Prozentuale O_2-Sättigung des Hämoglobins

Aus der Abbildung geht hervor, daß die mit einer Erniedrigung des CO_2-Druckes im Blut einhergehende Zunahme der O_2-Affinität des Blutes die O_2-Aufnahme in der Lunge begünstigt. Gleichzeitig führt sie zu einem steileren Abfall des O_2-Druckes im Hirnkapillarblut und zu einer Erniedrigung des O_2-Druckes im venösen Blut des Gehirns und beeinflußt die Bedingungen für die O_2-Abgabe vom Blut an das Hirngewebe ungünstig.
Um die aufgezeigten Zusammenhänge übersichtlich darstellen zu können, wurde an Stelle der effektiven O_2-Bindungskurve eine mittlere O_2-Bindungskurve eingezeichnet und der Einfluß des Pa_{CO_2} auf die Größe der Hirndurchblutung unberücksichtigt gelassen.

Unter der O_2-Kapazität des Blutes ist seine maximale O_2-Aufnahmefähigkeit pro definierter Volumeneinheit zu verstehen. Unter normalen Temperatur- und O_2-Druckbedingungen hängt sie nahezu ausschließlich von der Hämoglobinkonzentration des Blutes ab, da die physikalisch im Blut gelöste O_2-Menge sehr gering ist. Bei Erörterung der Frage nach dem O_2-Transportvermögen des Blutes unter den Bedingungen tiefer Hypothermie und hyperbarer O_2-Drucke ist die physikalisch im Blut gelöste O_2-Menge jedoch zu berücksichtigen. Gemeinsam mit der Durchblutungsgröße bestimmt die O_2-Kapazität des Blutes die Größe der O_2-Transportkapazität.

Die O_2-Affinität des Blutes ist gegeben durch das Verhältnis zwischen dem O_2-Druck und der O_2-Sättigung des Hämoglobins (O_2-Bindungskurve). Sie bestimmt, in welchem Ausmaß unter den in der Lunge herrschenden O_2-Druckbedingungen die O_2-Kapazität des Blutes ausgenutzt werden kann. In den Geweben beeinflußt die O_2-Affinität vorrangig den O_2-Druckabfall im Blut während des Kapillardurchflusses und damit die Größe der O_2-Menge, die in der Zeiteinheit aus den Kapillaren zu den Orten des O_2-Verbrauches diffundiert.

Grenzen der akuten Blutverdünnung unter Luftatmung

Von **K. Meßmer**

Aufgrund der in den letzten Jahren von verschiedenen Autoren durchgeführten Untersuchungen zur Frage der kompensatorischen Mechanismen bei akuter Verdünnungsanämie kann diese Frage heute ziemlich genau beantwortet werden.

Eigene Untersuchungen haben ergeben, daß die relative O_2-Transportkapazität, d. h. das dem Organismus zur Verfügung stehende O_2-Gesamtangebot, nicht linear mit der Verdünnung des Blutes abnimmt, sondern bei

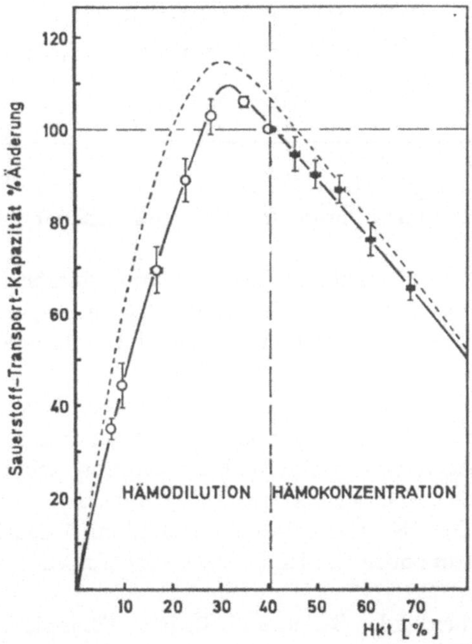

Abb. 1. Beziehung zwischen relativer O_2-Transportkapazität (Ordinate) in Abhängigkeit vom arteriellen HKT (Abszisse) während isovolämischer Hämodilution mit Dextran 60 (helle Kreise) und isovolämischer Konzentration mit homologen Erythrozyten (dunkle Kreise) beim Hund. Gestrichelte Kurve: theoretischer Verlauf der Kurve beim Menschen (HINT, 1968) (siehe SUNDER-PLASSMANN et al., 1971)[1]

Hämatokritwerten um 30% ein Maximum aufweist (Abb. 1). Der Anstieg der O_2-Transportkapazität kommt dadurch zustande, daß die Hämoglobinkonzentration zwar linear abfällt, das Herzminutenvolumen dagegen überproportional erhöht wird. (SUNDER-PLASSMANN et al., 1971)[1]. Eine gefahrlose Blutverdünnung bis zu Hämatokritwerten von 30% (untere Grenze 25%) bei Atmung von Raumluft kann dann durchgeführt werden, wenn die in Tabelle 1 aufgeführten Voraussetzungen gegeben sind:

Tabelle 1. *Blutverdünnung bis zu HKT-Werten von 25–30% bei Raumluftatmung*

Voraussetzung	Kontrolle	Therapie
1. *Keine präexistente Anämie*	Hb, HKT, FI	gewaschene Erythrocyten
2. *Normale Lungenperfusion* *Lungenventilation* *Lungendiffusion*	O_2-Sättigung pO_2, pCO_2, pH HZV	Sauerstoff Beatmung
3. *Kardiale Kompensationsfähigkeit*	Pulsfrequenz ZVD, RR, HZV	Digitalisierung
4. *Normovolämie*	ZVD, Urinausscheidung BV, KOD	Kolloidlösung

1. Es darf keine präexistente Anämie vorliegen; in diesem Falle sollte eine weitere Verdünnung durch Infusion gewaschener Erythrocyten verhindert werden.

2. Es dürfen keine Störungen der Lungenfunktion bestehen. Wird nach exakter Diagnostik eine kausale Therapie (O_2-Zufuhr, Beatmung) eingeleitet, kann auch bei diesen Patienten eine Blutverdünnung bis Hkt 30% toleriert werden.

3. Bei fehlender kardialer Kompensationsfähigkeit kann das Herzminutenvolumen nicht adäquat gesteigert werden; nach Digitalisierung bestehen jedoch gegen eine limitierte Hämodilution keine Bedenken. Auf keinen Fall jedoch sollte der Hkt durch Bluttransfusion über den Normalwert erhöht werden, da sonst – wie aus Abbildung 1 deutlich zu ersehen – das O_2-Angebot trotz normaler Herz- und Lungenfunktion rasch verschlechtert wird.

4. Von entscheidender Bedeutung für jede Therapie mit erythrocytenfreien Infusionslösungen ist, daß das zirkulierende Blutvolumen nicht

---

[1] SUNDER-PLASSMANN, L., KLOEVEKORN, W. P., HOLPER, K., HASE, U., MESSMER, K.: in DITZEL and LEVIS, 6th Europ. Conf. Mirocirculation, Aalborg 1970 (Karger, Basel, p. 23, 1971)
– – MESSMER, K.: Anaesthesist, **20**, 172 (1971).

unter den Normwert absinkt. Da Normovolämie die wichtigste Voraussetzung für die kompensatorische Steigerung des Herzminutenvolumens bei Abfall der Hämoglobinkonzentration darstellt, erfordert jede Therapie, die mit einer Blutverdünnung einhergeht, eine regelmäßige und sorgfältige Kontrolle der Volumensituation. Die limitierte Hämodilution bis zu Hämatokritwerten von 30% bietet vom Standpunkt der Rheologie und der Perfusion in der Mikrozirkulation entscheidende logistische Vorteile; sie sollte daher nicht mehr länger als Notbehelf bei Mangel von Blut angesehen, sondern als therapeutisches Prinzip erkannt und genützt werden. Die Gefahr der Hypovolämie bei Blutverdünnung kann durch die Anwendung kolloidaler Lösungen mit exakt definierter onkotischer Aktivität, Volumenwirkung und Ausscheidungscharakteristik weitgehend ausgeschaltet werden. Für die limitierte Hämodilution ist daher neben Albumin vor allem Dextran 60 geeignet. Bei Beachtung der angeführten Faktoren kann eine Blutverdünnung ohne Gefahr der venösen Hypoxie demnach bis zu Hämatokritwerten von 30% durchgeführt werden.

Therapeutische Maßnahmen zur Behebung einer primär arteriellen und primär venösen Hypoxie

Von **R. Dudziak**

Man kann zwar klinisch eine primär arterielle Hypoxie von einer primär venösen Hypoxie trennen, die Auswirkungen der beiden Hypoxiformen sind jedoch immer gleich.

Definitionsgemäß ist bei der primär venösen Hypoxie der Sauerstoffpartialdruck des arteriellen Blutes normal, der Sauerstoffpartialdruck am Ende der Kapillare zeigt dagegen eine starke Erniedrigung und erreicht die sogenannte letale Schwelle. Bei einem normalen HZV ist eine solche Ausschöpfung des Sauerstoffes nur durch einen abnormen Anstieg des Sauerstoffverbrauches zu erklären. Anämie sowie eine z. B. herzinsuffizienzbedingte Abnahme des HZV tragen zu einer primär venösen Hypoxie nur indirekt bei. Bei beiden ist je nach dem Schweregrad die vollständige Sättigung des arteriellen Blutes bei Luftatmung selten möglich.

Die Therapie der primär venösen Hypoxie:

1. Senkung des Stoffwechsels – d. h. des Sauerstoffverbrauches z. B. durch Abkühlung des Organismus. Ein Beispiel hierfür: Maligne Hyperthermie im Verlauf einer Narkose.

2. Verringerung der $AVDO_2$, bei Anämie (durch Transfusion von Blut, Zunahme der Sauerstoffkapazität), bei Herzinsuffizienz durch Gabe von entsprechenden positiv inotrop wirkenden Medikamente, wodurch eine Steigerung des HZV erreicht wird.

Eine primär arterielle Hypoxie zeichnet sich durch eine starke Abnahme des arteriellen Sauerstoffpartialdruckes aus. Die arterielle Sättigung beträgt etwa 70%. Die häufigsten Ursachen einer solchen Hypoxie sind:

1. venöse Beimischung (Shunt) pulmonal oder kardial,
2. Störungen des Ventilations/Perfusions-Verhältnisses,
3. gelegentlich Diffusionsstörung,
4. Abnahme des HZV,
5. Anämie.

Im Vordergrund der Therapie steht die Anwendung von Sauerstoff sowie die künstliche Beatmung. Bei einer Shuntgröße von mehr als 30% des HZV ist eine Erhöhung des Sauerstoffpartialdruckes des arteriellen Blutes selbst bei 100% Sauerstoff in der Inspirationsluft nicht zu erwarten. Kompensationsmechanismen, vor allem die Zunahme der Erythrocyten (z. B.: FALLOTsche Tetralogie) spielen für das Überleben die wichtigste Rolle.

Medikamentöse Therapie zur Steigerung des Herzzeitvolumens bei nicht behebbarer venöser Hypoxie

Von **M. Stauch**

Bei einer venösen Hypoxie ist das Verhältnis zwischen Sauerstoffverbrauch und Sauerstoffnachlieferung gestört (THEWS, 1969). Trotz normalen O_2-Drucks im arteriellen Blut sinkt der O_2-Druck am venösen Ende der Capillare zu stark ab. Diese venöse Hypoxie kann bei einer Cerebralsklerose dann auftreten und zu klinischen Erscheinungen einer cerebralen Mangeldurchblutung führen, wenn z. B. durch eine gastrointestinale Blutung der Sauerstoffgehalt des Blutes durch einen verminderten Hämoglobingehalt gesenkt ist. Als kompensatorische Maßnahme ist dafür zu sorgen, solange keine Bluttransfusion möglich ist, daß die Passage des Blutes durch die Capillaren mit größerer Geschwindigkeit erfolgt, um damit pro Zeiteinheit eine größere Menge Sauerstoff dem Gehirn zuzuführen. Damit wird am venösen Ende der Capillare der Sauerstoffdruck wieder erhöht. Eine schnellere Passage des Blutes durch die Gehirngefäße kann bei sklerotisch veränderten Arterien nur über eine Erhöhung des Blutdrucks und eine Steigerung des Herzzeitvolumens erfolgen. Die Infusion von Theophyllin ändert am Blutdruck zwar wenig, steigert jedoch das Herzzeitvolumen. Auf diese Wirkung ist die klinisch zu beobachtende Besserung der cerebralen Durchblutung zurückzuführen. Es kann aber auch notwendig sein, den Blutdruck durch vasoaktive Medikamente zu steigern, wobei alpha- und beta-adrenerge Wirkungen, z. B. bei Adrenalin, vorhanden sein sollten.

Literatur

THEWS, G.: Physiologie des Sauerstofftransportes und Pathophysiologie der Gewebshypoxie. In: Hypoxie. Grundlagen und Klinik. Berlin-Heidelberg-New York: Springer 1969.

C. STÖRUNGEN DES SÄURE-BASEN-HAUSHALTES UND IHRE THERAPIE

Einflußgrößen des Säure-Basen-Haushaltes

Von **W. E. Zimmermann**

Die *Wasserstoffionenkonzentration* ist eine geregelte, d. h. *stabilisierte Größe* in den Körperflüssigkeiten. Die Stabilität ist physiologischerweise und ganz besonders im Schock und bei anderen Störungen an eine *normale Lungen- und Nierenfunktion* gebunden und entscheidend von einer uneingeschränkten Wirkung der *Puffersysteme* des Organismus und der Funktion des *Herz- und Kreislaufsystems* abhängig.

Nicht nur die freie Energiegewinnung bei der ATP-Spaltung, sondern der Dissoziationsgrad der Eiweißkörper, die katalytische Aktivität der Enzymproteine, sowie die Eigenschaften aller struktureller Substanzen und Metabolite sind von der Wasserstoffionenkonzentration abhängig. *Veränderungen des Säure-Basen-Haushaltes* wirken sich deshalb auf die *Ionenverteilung*, die *Permeabilität*, den *Transportmechanismus*, die *Erregbarkeit* und die *Kontraktilitätskraft* aus und können tiefgreifende Störungen lebenswichtiger Zell- und Organleistungen zur Folge haben.

Die *Wasserstoffionenkonzentration wird als pH-Wert*, d. h. als negativer Logarithmus der H^+-Konzentration angegeben, da das elektrochemische Potential von Ionen nicht ihrer Konzentration, sondern dem Logarithmus der Konzentration linear proportional ist.

Bei der *Wasserstoffionenentstehung* unterscheiden wir: a) *Sog. flüchtige H-Ionen*, die der täglichen CO_2-*Produktion* entsprechen und aus der Oxydation der Kohlenwasserstoffverbindungen im Organismus resultieren.

b) *Die nicht flüchtigen H-Ionen entsprechen den organischen Säuren*, die stets über die mit Latenz reagierenden Nieren eliminiert werden. In den *Nieren* kommt dabei der *Phosphatpufferung*, der *Aminogenese*, und dem *Austausch der Wasserstoffionen* gegen andere *Kationen* (Na^+, K^+, Ca^{++} Mg^{++}) u. U. entscheidende Bedeutung zu.

Bei der *Definition von Acidose und Alkalose* weisen die Bezeichnungen „*respiratorische Acidose*" und „*respiratorische Alkalose*" auf Zustände mit primär respiratorisch bedingter Erhöhung oder Herabsetzung des PCO_2 hin. Die Definitionen „*metabolische Azidose*" und „*metabolische Alkalose*" hingegen beziehen sich auf Zustände mit primär nicht respiratorisch bedingter Herabsetzung oder Erhöhung des Standard-Bicarbonats.

Die **metabolische Acidose** resultiert aus *Gewebshypoxie* und *anaerober Glykolyse*. Als *Lactatacidose* kann sie mit 2000 mval H^+ bei 50 l Körperwasser die Puffersysteme mit 40 mval/l belasten und bei gleichzeitigem Abbau der *Fett- zu Ketonsäuren* (weitere 1000 mval H^+) rasch zur Erschöpfung der Pufferkapazität des Organismus, insbesondere bei Hypovolämie und Anämie führen.

Lactat- und *Ketoacidosen* können neben einer Hypoxie auch aus einer *Überbeanspruchung des Stoffwechsels*, starker *Muskelarbeit, Krampfanfällen, Narkosen, inadäquater Durchblutung der Organe im Schock* bzw. *mangelhafter Arterialisation des Blutes* entstehen. Außerdem finden sie sich bei schweren *Leberschädigungen, kardialer Stauungsinsuffizienz*, während und nach *extracorporalem Kreislauf* und bei *Diabetes mellitus*.

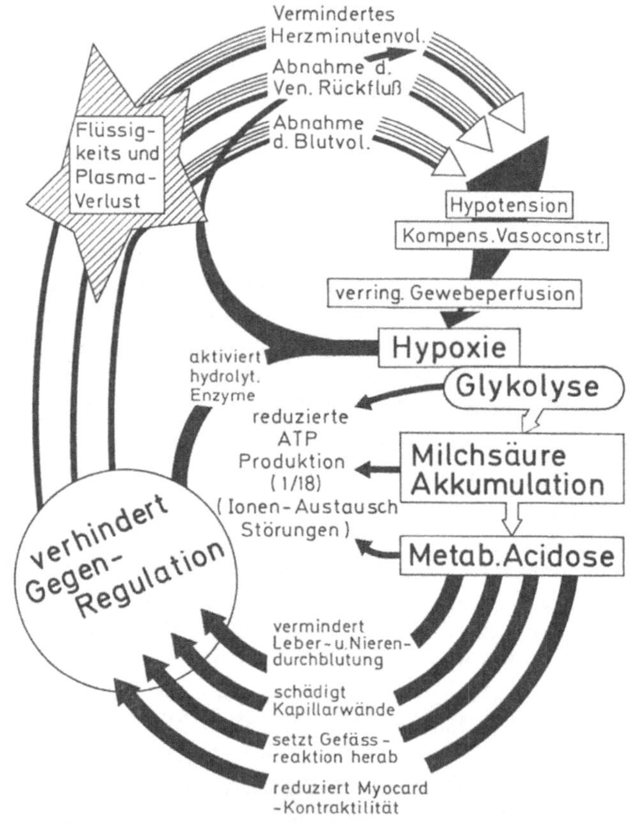

Abb. 1. Die nicht kompensierte metabolische Acidose in ihrer Schlüsselstellung beim Circulus vitiosus des Schocks und in ihrer Bedeutung für die „Unterdrückung" einer Gegenregulation (ZIMMERMANN)[1]

---

[1] Early treatment of severe burns, Annals of the New York Academy of Sciences 150, 601 (1968)

Der *Grad* einer entstehenden *Acidose* bei einer endogenen oder exogenen Belastung des Organismus wird durch das *Verhältnis* zwischen *Entstehung* (Zufuhr) und *Ausscheidung* der Säure bestimmt.

Eine *akute Wasserstoffionenentstehung* im Schock infolge ausgedehnter Gewebshypoxie und gleichzeitiger Vasokonstriktion in den Nieren kann nur *unzureichend eliminiert* werden, da selbst bei maximaler renaler Ammoniakproduktion nur eine Wasserstoffionenelimination von 750 mval/die möglich ist. Aufgrund der *beschränkten Anpassungsfähigkeit der Nieren* werden zusätzlich wertvolle Kationen (K^+, Mg^{++}, Ca^{++}, Na^+) ausgeschieden. Neben der Verarmung an Kationen kommt es infolge der „osmotischen Diurese" auch zur extra- und intracellulären Dehydration.

Trotz der acidotisch stimulierten Abatmung von CO_2 bleibt die Stoffwechselsituation unausgeglichen, da die *Milchsäure* in einer *metabolischen Sackgasse* steckt und kumuliert. Bei einem CO_2-Gehalt unter 30 Mol/l = 25 mmHg PCO_2 nimmt unter *Abfall des pH-Wertes* die Lactat- oder Ketoacidose eine zentrale Stellung beim *circulus vitiosus* ein.

Neben Ionenaustauschstörungen verstärkt die Milchsäure die bedrohliche Reduktion der Pfortader- und Nierendurchblutung. Durch Schädigung der Kittsubstanz der Capillarepithelien begünstigt sie den weiteren Verlust zirkulierender Flüssigkeit. Die Ansprechbarkeit des Herz- und Kreislaufsystems auf die um das 30fache vermehrt ausgeschütteten Katecholamine wird vermindert und eine zweckmäßige Gegenregulation verhindert, so daß der circulus vitiosus unter Versagen der wichtigsten Kompensationsvorgänge von Lungen-, Nieren- und Leberfunktion rasch weiter fortschreitet und einen folgenschweren funktionellen Zusammenbruch verursacht.

Eine *hyperchlorämische Acidose* entsteht im Zustand der Dehydration nach Operationen, Durchfällen usw. Primär herrscht hier eine Hyperchlorämie vor, die sekundär zur Bikarbonatverminderung führt. Die sog. renale *tubuläre hyperchlorämische Acidose* ist, wie bei *chronischer Niereninsuffizienz*, Folge einer verminderten H-Ionensekretion durch einen angeborenen oder erworbenen Defekt der Tubuli.

Anhaltende *Verluste alkalischer Körperflüssigkeiten*, z. B. bei chronischen Diarrhoen, Gallen- oder Pankreasfisteln, führen gleichermaßen zu einer metabolischen Acidose.

Die Verabreichung großer *Mengen Calciumchlorid, Natriumchlorid* und insbesondere von *Ammoniumchlorid* provozieren ebenfalls eine metabolische Acidose. Hierbei werden die Kationen metabolisiert oder ausgeschieden, und durch das Anion Chlorid werden Wasserstoffionen aufgenommen. NH_4^+ z. B. wird in der Leber in Harnstoff- und Wasserstoffionen umgewandelt. Calcium senkt darüber hinaus die intestinale Phosphatresorption, bewirkt eine Abnahme der Phosphatpuffer im Urin und eliminiert dadurch die renale Wasserstoffionenausscheidung und Bicarbonatregeneration. Wenn die Chloridkonzentration in der

Tubulusflüssigkeit bei hohen Chloridgaben über die des Natriums ansteigt, nehmen das transtubuläre Potential und somit der Ausstrom von Wasserstoffionen in das Lumen ab. Daraus resultieren ein Rückgang der Bicarbonatreabsorption und die Tendenz zur Acidose.

Tabelle 1. *Differentialdiagnose von metabolischer Acidose und respiratorischer Alkalose*

	Metabolische Acidose	Respiratorische Alkalose
pH unkompensiert	↓	↑
kompensiert		±
Spätstadium		↓
PCO_2	↓	↓↓
Natrium	±↓	±↓
Kalium	↑±	±↓
Chlorid	±↓↑	±↓
Phosphat	±↑	↓±
Respiratorischer Gasaustausch	↑	↑↑↑↑ (RQ über 1,0)
Neurologische Veränderungen	selten	↑↑↑

Die respiratorische Alkalose. Jeder chemische oder mechanische Faktor, der eine *alveoläre Hyperventilation* mit vermehrtem Abatmen von CO_2 auslöst, provoziert eine respiratorische Alkalose (cerebrale Läsionen, Erhöhung von Milchsäure und Ammoniak, Thyreotoxicose, Infekte, Effort-Syndrom = Hyperventilationstetanie).

Sie wird häufig mit einer metabolischen Acidose verwechselt (Tab. 1). Dabei ist jedoch entscheidend, daß ein verminderter Gesamt-CO_2-Gehalt die Dehydration der Brenztraubensäure zu Milchsäure und ein erhöhter CO_2-Gehalt die Oxydation von Milchsäure zu Brenztraubensäure begünstigt. Die Unterscheidung ist mittels plasmachemischer Befunde möglich.

Elektrolytveränderungen. Kalium- und Natriummangel der Extracellulärflüssigkeit sind bedingt durch intracelluläre Verschiebungen.

Klinische Symptome. Verwirrungszustände, Parästhesien, Sprachstörungen, grobschlägiger Tremor, gelgentlich tetanische Krämpfe.

Die metabolische Alkalose ist durch den Anstieg des Blut-pH, eine erhöhte Plasmabicarbonatkonzentration und gewöhnlich durch eine erniedrigte Plasmachlorid- und Kaliumkonzentration, oberflächliche Atmung und Hypoxie bei pulmonaler Vorschädigung gekennzeichnet.

Drei Hauptformen der Entstehung sind zu unterscheiden:

1. Die metabolische Alkalose durch Verlust von Plasmachlorid und H^+ über die Magensonde (hypochlorämische Alkalose).

2. Die metabolische Alkalose als Folge eines chronischen Kaliummangels (hypokalämische Alkalose).

3. Die metabolische Alkalose durch exogene Zufuhr, z. B. Trinatriumzitrat in Blut- und Plasmakonserven, Natriumbikarbonat-, Lactat- oder Glutamatapplikation.

Hypochlorämische Alkalose. Gastrogener oder renaler Chlorverlust – Hypochlorämie – kompensatorische Bikarbonaterhöhung. Harn alkalisch, wenig Chlor, niedriges spezifisches Gewicht; verminderte Ionisation des Kaliums, Hypoxie bei oberflächlicher Atmung, gelegentlich tetanische Krämpfe.

Kaliummangelalkalose. Sekundäre Verteilungsstörung der K^+- gegen H^+-Ionen bei gastrointestinalen Kaliumverlusten (präoperative Verluste bis 300 mval/l), verminderte postoperative Kaliumzufuhr, Saluretica- und Nebennierensteroidtherapie, progressive Plasmaalkalose bei saurem Urin, verminderte Kaliumausscheidung und klinischer Mangelzustand.

Iatrogene Alkalose. Intensive Zufuhr von *Trinatriumzitrat* als Stabilisator der Blut- und Plasmakonserven (170 ml Na^+/500 ml). Abbau des Zitrates – Anhäufung von Na^+ – vermehrte Rückresorption von Bicarbonat in den Nieren.

Verabreichung von $NaHCO_3$ bei Magen- und Duodenalgeschwüren und Calcium in Milch kann über Hypercalcämie zur Nephrokalzinosis und renalen Insuffizienz führen (Milch-Alkali-Syndrom).

Die respiratorische Acidose ist stets Folge eines ungenügenden alveolären Gasaustausches. Akute Hyperkapnie ohne Hypoxämie (Narkose und post operationem) ist meist von untergeordneter Bedeutung. *Hyperkapnie mit Hypoxämie bedeutet stets eine schwergestörte Lungenfunktion.* Wenn der arterielle pH-Wert normal oder gering erniedrigt ist, entsteht ein neues, meist relativ stabiles pathophysiologisches Gleichgewicht mit tiefgreifenden Anpassungsmechanismen. Im Stadium der Dekompensation ist der pH-Wert stark vermindert.

Die pathophysiologischen Kompensationsvorgänge:

1. Initiale Kohlendioxydretention mit Erhöhung des PCO_2 im Blut und Verminderung des pH-Wertes.

2. Verschiebung von Chlorid in den intracellulären Raum, was wiederum die vorher an Chlorid gebundenen Natriumionen zur Bindung an Bicarbonat freisetzt.

3. Extracelluläre Verschiebung von Kalium und Natrium.

4. Erhöhte renale tubuläre Bicarbonatrückresorption.

5. Verstärkte renale Chorid-, Phosphat-, sowie Ammonium- und H-Ionenausscheidung zusammen mit einem Anstieg der renalen Natriumbicarbonatbildung, und zwar auf dem Wege des Ionenaustausches.

Eine bereits *primär chronische respiratorische Azidose* ist in der postoperativen Phase festzustellen.

Bei erst postoperativer pulmonaler Komplikation besteht die initiale Störung in der Kohlensäureretention mit zunächst geringer Veränderung des Plasma-Bicarbonatspiegels und einem Absinken des pH-Wertes. Mit einer Latenzzeit von mindestens 6–8 Std oder auch 1–2 Tagen (bei artifizieller unzureichender Beatmung) folgt der kurzfristigen Regulierung durch die Puffersysteme eine erhöhte H-Ionenauscheidung und vermehrte Rückresorption von Bikarbonat durch die Nieren. Als Folge der Kompensationsvorgänge ist der gesamte Kohlendioxydgehalt im Plasma erhöht und die Chloridkonzentration herabgesetzt.

Bei der Differenzierung zwischen *respiratorischer Acidose* und *metabolischer Alkalose* ist die Feststellung einer stets unzureichenden pulmonalen Kompensation bei der metabolischen Alkalose von ausschlaggebender Bedeutung (Tab. 2).

Tabelle 2. *Vergleichende Plasma-Elektrolytzusammensetzungen bei metabolischer Alkalose und respiratorischer Acidose*

	CO_2 mMol/l	pH	PCO_2 mmHg	Chloride mMol/l
Metabolische Alkalose	↑	↑	±↑	↓
Respiratorische Acidose	↑	±↓	↑↑	↓

Einfluß auf den Wasserelektrolythaushalt

Von J. Eckart

Zur Aufrechterhaltung eines normalen Säure-Basengleichgewichtes stehen dem Organismus Regulationsvorgänge von Seiten der Lunge und der Niere sowie verschiedene Puffersysteme des extra- und intracellulären Raumes zur Verfügung. Die celluläre Pufferung ist vor allem an die Imidazolgruppe des Histidins im Hämoglobin, an Zellproteine, zelluläres Phosphat und Bicarbonat gebunden, außerdem geht sie mit Veränderungen des Zellstoffwechsels und der intra-extracellulären Ionenverteilung einher. Ausgetauscht werden dabei Kalium- und Natriumionen gegen Wasserstoffionen und Chlorid gegen Bicarbonat. Metabolische Acidosen lassen durch diese Ionenverschiebungen und/oder eine verminderte Kaliumausscheidung eine Tendenz zur Hyperkaliämie erkennen. Die Plasmakalium- und Chloridkonzentration wird aber immer durch den unterschiedlichen Entstehungsmechanismus metabolischer Acidosen mitbeeinflußt. An der kompensatorischen Verminderung der extracellulären Bicarbonatkonzentration bei respiratorischer Alkalose sind neben einer gesteigerten renalen Bicarbonatausscheidung ebenfalls Ionenverschiebungen und zwar ein Eintritt von Natrium und Kalium in die Zellen im Austausch gegen Wasserstoff aber auch Änderungen des Zellstoffwechsels beteiligt, die mit einer Hyperlaktatämie einhergehen.

Bei unveränderter Kationen-, im wesentlichen Natriumkonzentration, wird eine Verminderung von Bicarbonat normalerweise durch einen Anstieg von Chlorid ausgeglichen. Im diabetischen Koma oder bei Niereninsuffizienz kann eine Abnahme der Bicarbonatkonzentration durch Mehrbildung oder Retention von organischen Säuren, Sulfaten oder Phosphaten, d. h. durch Zunahme der sog. Anionen-Restfraktion, aber auch mit normalen oder sogar verminderten Chloridwerten im Plasma einhergehen.

Die wesentlichen Meßgrößen des Wasser-Elektrolyt- und Säure-Basenhaushaltes bei Acidosen und Alkalosen unterschiedlicher Ätiologie zeigen die beiden Tabellen 1 u. 2. Zeitgründe erlauben aber nur wenige erläuternde Bemerkungen zu den Befunden des Elektrolytstoffwechsels bei einigen speziellen Störungen des Säurebasengleichgewichtes.

Die diabetische Acidose entsteht durch das vermehrte Auftreten von Beta-Hydroxybuttersäure und Acetessigsäure. Die Plasmakonzentration

Tabelle 1. *Blut- und Harnbefunde bei den verschiedenen Acidose-Formen*

Ätiologie	Plasma						Harn			
	pH	PCO$_2$	HCO$_3^-$	Cl$^-$	Na$^+$	K$^+$	pH	HCO$_3^-$	TA	NH$_4^+$
Normwerte		mmHg			mVal/l			vom Harn-	mVal/24 Std	
	7,40	40	24	100	140	4,5	5,8	pH abhängig	10–30	30–50
I Metabolische Acidosen										
1. Diabet. Acidose	↓	↓	↓	n ↓	n ↓	n ↑↓	stark sauer	(+)	↑	↑
2. Acidose durch Zufuhr von HCl, NH$_4$ Cl, Arginin- od. Lysin-hydrochlorid	↓	↓	↓	↑	↓	n	stark sauer	(+)	↑	↑
3. Acidose durch Verlust von Bicarbonat	↓	↓	↓	n ↓↑	n ↓	n ↓	sauer	(+)	↑	↑
4. renale-tubuläre Acidose	↓	↓	↓	↑	n	n ↓	neutral od. alk.	(+) +	↓	n
5. hyperchlorämische Acidose ohne Urämie	↓	↓	↓	↑	n	↑	sauer	(+)	n ↓	↓
6. Urämische Acidose	↓	↓	↓	n ↓	n ↓	n ↑	sauer	(+)	n	↓
II Respiratorische Acidose	(↓)↓	↑	↑	↓	n	n	sauer	(+)	↑	↑

Tabelle 2. *Blut- und Harnbefunde bei den verschiedenen Alkalose-Formen*

Ätiologie	Plasma						Harn			
	pH	PCO₂	HCO₃⁻	Cl⁻	Na⁺	K⁺	pH	HCO₃⁻	TA	NH₄⁺
Normwerte		mmHg		mVal/l				vom Harn-pH abhängig	mVal/24 Std 10–30	30–50
	7,40	40	24	100	140	4,5	5,8			
I Metabolische Alkalosen										
1. Verlust von saurem Magensaft	↑	n ↑	↑	↓	n ↓	n ↓	alkal. schwach sauer	++ (+)ᵃ	↓ nᵃ	↓ nᵃ
2. Kaliummangel	↑	n ↑	↑	n ↓	n ↓	↓	schwach sauer, neutral	+	↓	↑
3. Corticoidtherapie Conn-Syndrom	↑	n ↑	↑	n	n ↑	↓	neutral, leicht alkal.	++	↓	↑
4. Zufuhr von Bicarbonat	↑	n ↑	↑	↓	n	n ↓	alkal.	++	↓	n ↓
II Respiratorische Alkalose (Spätstadium)	n ↑	↓	↓	↑	↓	n ↓	sauer	(+)	n ↑	n ↑

ᵃ Bei Mangel an extrac. Flüssigkeit

von Kalium, Natrium und Chlor ist in Folge der durch die osmotische Diurese auftretende Elektrolytverluste oft vermindert. Zusätzliche Kalium- und Natriumverluste entstehen dadurch, daß Beta-Hydroxybuttersäure und Acetessigsäure z. T. nur mit Kationen neutralisiert ausgeschieden werden können. Eine verminderte Natriumkonzentration kann außerdem Folge einer diabetischen Fettstoffwechselstörung sein, die zu einer beträchtlichen Erhöhung der Gesamtlipide, vor allem aber der Neutralfette führt. Da Lipide ein großes spezifisches Volumen besitzen, nehmen sie einen beträchtlichen Lösungsraum in Anspruch, was zu einer Verminderung des Plasmawassergehaltes von normalerweise etwa 93 g/100 ml Plasma auf 85 g und weniger führt. Berechnet man in diesem Fall die Natriumkonzentration auf Plasmawasser, findet man normale Werte. Trotz der erwähnten Kaliumverluste geht die diabetische Stoffwechselentgleisung nicht selten mit einer Hyperkaliämie einher, die auf intra-extrazelluläre Ionenaustauschvorgänge, die Glykogenverarmung der Zellen und auch auf einen gesteigerten Eiweißabbau zurückzuführen ist.

Acidosen durch Bicarbonatverlust werden bei massiven Durchfällen, Dünndarm-Gallen- und Pankreasfisteln beobachtet. Gleichzeitig eintretende Kaliumverluste führen zur Hypokaliämie. Intra-extracelluläre Ionenaustauschvorgänge, durch die aus der Zelle austretendes Kalium durch Natrium- und Wasserstoffionen ersetzt wird, mindern die extracelluläre Acidose. Die Plasmakonzentration von Natrium und Chlor ist abhängig von den intra-extracellulären Ionenverschiebungen, vom Bicarbonatverlust und damit von der Menge und der Zusammensetzung der verlorengehenden Sekrete.

Anhaltende massive Verluste, die zu einem Mangel an extracellulärer Flüssigkeit führen, verstärken durch Beeinträchtigung der Nierenfunktion und das Auftreten einer Hungerketonämie die acidotische Stoffwechsellage.

Die renale Regulation des Säure-Basengleichgewichtes erfolgt durch eine Reabsorption von Bicarbonat und eine Ausscheidung von titrierbarer Säure und von Ammonium. Renal bedingte Acidosen sind daher Folge einer Störung der Wasserstoffionenelimination und/oder der Reabsorption von Bicarbonat.

Da bei der Bildung von Wasserstoffionen in den Tubuluszellen für jedes H^+-Ion auch ein Bicarbonation entsteht, führt jede Störung der Protonenneubildung und -ausscheidung gleichzeitig durch eine mangelhafte Bicarbonatregeneration zu einem Abfall der extracellulären Bicarbonatkonzentration und zu einer Senkung der tubulären Bicarbonatresorptionsschwelle. Dadurch hervorgerufene Bicarbonatverluste verstärken den Schweregrad der Acidose.

Nach Entstehung und Verlauf unterscheidet man eine urämische Acidose von einer hyperchlorämischen Form ohne Urämie und einer renaltubulären Form. Bei allen renal bedingten Acidosen ist die Plasma-Bicarbonatkonzentration vermindert, die Natriumkonzentration in der Regel normal. Durch den Austausch von Natrium gegen Wasserstoffionen wird das aus sekundärem Phosphat entstehende primäre Phosphat (H_2PO_4) zum wesentlichen Träger der Ausscheidung von titrierbarer Säure. Da bei der chronischen Niereninsuffizienz eine Störung der renalen Wasserstoffionenausscheidung in erster Linie die NH_4-Ausscheidung betrifft, während die titrierbare Acidität zunächst kaum eingeschränkt ist, bleibt auch die Plasma-Phosphorkonzentration lange normal. Erst der Abfall der glomerulären Filtrationsrate unter 25–30 ml/min geht mit einer Hyperphosphatämie einher, da die Niere trotz vollständiger Elimination des gesamten filtrierten Phosphors und anderer fixer Anionen nicht mehr in der Lage ist, die täglich anfallenden Mengen dieser Stoffe auszuscheiden.

Die Steuerung des Kaliumhaushaltes erfolgt weitgehend durch die Niere. Eine ausgeprägte Hyperkaliämie wird häufig aber erst im Endstadium urämischer Acidosen beobachtet, da die Niere bei einem nur langsamen Fortschreiten chronischer Nierenerkrankungen selbst bei stark vermindertem Glomerulumfiltrat sehr lange durch Steigerung der Kaliumclearance noch eine Kompensation erzielen kann.

Eine mangelnde Anpassungsfähigkeit der Niere in fortgeschrittenen Krankheitsstadien führt allerdings dazu, daß jede plötzliche exogene oder endogene Kaliumbelastung – dazu gehört auch eine Freisetzung von zellgebundenem Kalium bei schweren Acidosen – mit lebensbedrohlichen Hyperkaliämien einhergehen kann.

Tubuläre Störungen führen bei der chronischen Pyelonephritis zur Acidose, Hyperchlorämie und Hyperkaliämie, für die allerdings neben der Zunahme der extracellulären Wasserstoffionenkonzentration eine spezifische Kalium-Eliminationsstörung verantwortlich gemacht wird. Bei der urämischen Acidose kann der Chloridspiegel im Plasma trotz Abnahme der Bicarbonatkonzentration nicht ansteigen, da durch die Abnahme der glomerulären Filtration die Konzentration der Anionenrestfraktion angestiegen ist. Die Entwicklung einer hyperchlorämischen Acidose ist dagegen immer dann gegeben, wenn bei Nierenerkrankungen die Einschränkung der tubulären Wasserstoffionensekretion im Vordergrund steht. Mit der ungenügenden oder verminderten Wasserstoffionensekretion ist zwangsläufig eine mangelhafte Bicarbonatregeneration verbunden, die an der Ausbildung der Acidosen mitbeteiligt ist, da bei verminderter Bicarbonatkonzentration die Elektroneutralität in der extracellulären Flüssigkeit durch vermehrt reabsorbiertes Chlorid kompensiert wird. Durch den Austausch gegen Wasserstoffionen ist Natrium auch in die Regulation des Säure-Basenhaushaltes eingeschaltet. Störungen der Wasserstoffelimination und Bicarbonatrückresorption führen aber nicht zu wesentlichen Natriumverlusten, da Natrium jetzt vermehrt mit Chlorid reabsorbiert wird, was mit zur Ausbildung der hier diskutierten Hyperchlorämie beiträgt.

Schließlich kann das Auftreten einer Hyperchlorämie noch durch einen dritten Mechanismus erklärt werden.

Normalerweise treten die im Tubuluslumen gegen Wasserstoffionen ausgetauschten Natriumionen zusammen mit Bicarbonat in das peritubuläre Blut über, während die Anionen, die durch Natrium neutralisiert waren, mit NH_4 ausgeschieden werden. Die bei stark verminderter NH_4-Produktion auftretenden Natriumverluste führen durch die Abnahme des extracellulären Flüssigkeitsvolumens zur Auslösung einer tubulären Retention von Natrium zusammen mit Chlorid. Die so ausgelöste Wiederauffüllung des extracellulären Raumes führt zwangsläufig zur Hyperchlorämie, da jede Kochsalzzufuhr das normale Natrium- zu Chlor-Verhältnis zugunsten von Chlor verändert.

Die akute respiratorische Acidose kann, da metabolische Kompensationsmechanismen aus Zeitgründen häufig nicht zum Tragen kommen und eine gleichzeitig auftretende Hypoxie die Acidose verstärkt, sehr schnell durch einen Austritt von Kalium aus der Zelle zu lebensbedrohlichen Rhythmusstörungen führen. Bei der chronischen, respiratorischen Acidose kommt es durch Kompensationsvorgänge häufig zu einer weitgehenden Normalisierung des pH-Wertes. Die erhöhte Ausscheidung von titrierbarer Säure und NH_4, die damit verbundene Regeneration von Bicarbonat, sowie eine verminderte Bicarbonatausscheidung durch Erhöhung der tubulären Reabsorption sind für den Anstieg der Plasma-Bicarbonatkonzentration verantwortlich. Bei gleichbleibender Kationenkonzentration kommt es zu der für chronische respiratorische Acidosen typische Hypochlorämie durch eine vermehrte Ausscheidung von Chlor und eine Verschiebung von Chlor in den intracellulären Raum.

Metabolische Alkalosen entstehen durch einen Entzug von Wasserstoffionen oder einen primären Anstieg von Bicarbonat. Beim Verlust von saurem Magensaft verursacht der Wasserstoffionen- und Chlorverlust gemeinsam einen Bicarbonatanstieg und führen so zur hypochlorämischen Alkalose. Der Harn enthält viel Bicarbonat, wenig titrierbare Säure und NH_4 und reagiert alkalisch. Sekundärveränderungen treten dann auf, wenn anhaltendes Erbrechen durch einen Mangel an extracellulärer Flüssigkeit zur Natriumretention führt.

Anstelle von Natrium werden jetzt vermehrt Kalium- und Wasserstoffionen in Form von titrierbarer Säure und NH_4 ausgeschieden. Der Harn reagiert sauer. Sein Verhalten steht damit im Gegensatz zur Alkalose in der extracellulären Flüssigkeit, er zeigt eine sog. paradoxe Acidurie. Da Magensaft relativ viel Kalium enthält, kann gehäuftes Erbrechen und eine Zunahme der renalen Kaliumausscheidung beim Mangel an extracellulärer Flüssigkeit zu schweren Kaliummangelzuständen führen.

Zellulärer Kaliummangel wird durch ein Einwandern von Natrium und Wasserstoffionen in die Zelle kompensiert. Damit kommt es zu einem Anstieg von Bicarbonat in der extracellulären Flüssigkeit, d. h. zu einer Zunahme der extracellulären Alkalose und auch zur Hyponatriämie. Durch das Ansteigen der Wasserstoffionenkonzentration in der Tubuluszelle bei Kaliummangel wird eine verstärkte Wasserstoffionensekretion ausgelöst, die mit einer vermehrten Bicarbonatreabsorption einhergeht. Der Anstieg der Bicarbonatkonzentration im Plasma wiederum führt bei unverminderter Kationenkonzentration zur Hypochlorämie, zur hypochlorämischen, hypokaliämischen Alkalose.

Wie bei den meisten Alkaloseformen scheidet die Niere auch in den Anfangsstadien der respiratorischen Alkalose einen alkalisch reagierenden Harn mit reichlich Bicarbonat, geringer Titrationsacidität und wenig NH_4 aus. Das Bicarbonat sinkt in der extracellulären Flüssigkeit ab, der Abfall des CO_2-Druckes vermindert die tubuläre Bicarbonatrückresorption. Gleichzeitig wird im Austausch mit Wasserstoffionen ein Eintritt von Kalium und Natrium in die Zelle beobachtet, daneben kommt es zu einem Austritt von Chlorid aus den Erythocyten und zu einem Anstieg der extracellulären Lactatkonzentration, die allerdings durch einen Eintritt von Phosphor in die Zellen z. T. kompensiert wird.

In den Spätstadien der respiratorischen Alkalose führen die geschilderten Veränderungen, d. h. der Anstieg der Chloridkonzentration im Plasma und der Abfall der Bicarbonat- und Kaliumkonzentration dann zur Ausscheidung von saurem Harn, zur paradoxen Acidurie.

Der Abfall der Plasmakaliumkonzentration ist dabei nicht nur durch den Eintritt von Kalium in die Zellen zu erklären, sondern auch durch eine gesteigerte Kaliumausscheidung als Neutralisationspartner für Bicarbonat in dem Anfangsstadium der respiratorischen Alkalose.

Einfluß auf die Kontraktilität des Myocards

Von **M. Stauch**

Acidose reduziert die Kontraktilität des Herzmuskels. Am Herz-Lungen-Präparat des Hundes wurden pH-Änderungen um 0,4–0,5 durch Infusion von Salzsäure oder Erhöhung des CO_2-Gehaltes in der Einatmungsluft erzeugt. Die Kontraktilitätsabnahme war besonders ausgeprägt, wenn Adrenalin-Infusionen, die sonst zur Verbesserung des Präparates gegeben wurden, fehlten (PRICE et al., 1955). Auch Untersuchungen am isolierten, durchströmten Rattenherzen zeigten bei Vermehrung der H-Ionenkonzentration auf ein pH von 7,0 und 6,6 eine deutliche Verminderung der ventrikulären Leistung und der Schrittmacheraktivität. Aus Messungen der Stoffwechselprodukte und des ATP wurde der Schluß gezogen, daß durch die Acidose die Phase der Energieutilisation im Herzstoffwechsel gestört wurde (GELET et al., 1969).

Im intakten Versuchstier wirken sich Störungen des Säure-Basen-Haushaltes auf die Kontraktilität nicht so deutlich wie an isolierten Präparaten aus. Untersuchungen an der Katze (ROCAMORA et al., 1969) lassen darauf schließen, daß die negativ inotrope Wirkung der erhöhten H-Ionenkonzentration durch einen erhöhten Catecholaminspiegel korrigiert wird. Die Acidose wurde in diesen Untersuchungen durch temporäre Verminderung der Perfusion peripheren Gewebes oder durch Infusion von Milchsäure erreicht. Dabei ergab sich, daß die Ventrikelfunktion zunächst kaum geändert war, wenn jedoch die Wirkung von Catecholaminen durch Propranolol blockiert wurde, konnte man eine Reduktion der Kontraktilität um 25% feststellen. Die Korrektur der Acidose durch Trispuffer brachte die Kontraktilität wieder fast auf den Ausgangswert zurück.

Auch durch eine respiratorische Alkalose mit einem pH von 7,65 und einem pCO_2 von 10 mmHg wird die myokardiale Kontraktilität vermindert. Wenn man das pCO_2 auf diesem niedrigen Niveau hält, das pH aber durch Zugabe von Salzsäure normalisiert, so wird die normale Kontraktilität wieder erreicht (COOK et al., 1965).

Störungen des Säure-Basen-Haushaltes tragen durch die Verminderung der Kontraktilität der Herzmuskelzelle zur Minderung der Gewebsperfusion bei. Bei intaktem sympatho-adrenalem System können diese Störungen weitgehend kompensiert werden.

Literatur

COOK, W. A., WEBB, W. R., UNAL, M. V.: Myocardial function capacity in response to compensated and uncompensated respiratory alkalosis. Surg. Forum **16**, 186 (1965).

GELET, T. R., ALTSCHULD, R. A., WEISSLER, A. M.: Effects of acidosis on the performance and metabolism of the anoxic heart. Circulation Suppl. IV to Vol. **39**, IV–60 (1969).

PRICE, H. L., HELRICH, M.: The effect of cyclopropane, diethyl ether, nitrous oxide, thiopental, and hydrogen ion concentration on the myocardial function of the dog heart-lung preparation. J. Pharmacol. exp. Ther. **115**, 206 (1955).

ROCAMORA, J. M., DOWNING, S. E.: Preservation of ventricular function by adrenergic influences during metabolic acidosis in the cat. Circulat. Res. **24**, 373 (1969).

Einfluß auf die Regulation der Hirndurchblutung

Von **J. Grote**

Unter normalen Blutdruckbedingungen besteht eine deutliche Abhängigkeit der cerebralen Durchblutung von der Höhe des arteriellen CO_2-Druckes (ALEXANDER et al., 1963; REIVICH, 1964, HARPER; 1965, KREUSCHER u. GROTE, 1969). Als wesentlicher Faktor für die Einstellung der Weite der Hirngefäße wird der pH-Wert in der extracellulären Flüssigkeit angesehen (BETZ u. KOZAK, 1967; WAHL et al., 1970). Die Erniedrigung des Pa_{CO_2} führt zu einer Abnahme der Hirndurchblutung. Minimale Werte von etwa 40–60% des Normwertes bei $Pa_{CO_2} = 40$ mmHg werden bei arteriellen CO_2-Drucken unter 20 mmHg erreicht. Die Erhöhung des Pa_{CO_2} löst eine Steigerung der cerebralen Durchblutung aus. Überschreitet der CO_2-Druck im arteriellen Blut den Wert von etwa 70 mmHg, so wird das typische Druck-Durchblutungsverhalten der Hirngefäße aufgehoben.

Die normale Regulation der Hirndurchblutung wird unter den Bedingungen des cerebralen Sauerstoffmangels verändert bzw. durchbrochen. Sinkt bei normalem Säure-Basen-Status der O_2-Druck im arteriellen Blut unter ca. 60 mmHg und im venösen Blut des Gehirns unter 25–28 mmHg ab, dann ist die Steigerung der Hirndurchblutung eine unmittelbare Folge. Da unter verschiedenen Versuchsbedingungen bei relativ konstanten O_2-Drucken im venösen Hirnblut typische Reaktionen des Gehirns beobachtet werden konnten, definierten NOELL und SCHNEIDER (1942, 1944) eine Reaktionsschwelle bei einem O_2-Druck von 25–28 mmHg und eine kritische Schwelle für die Sauerstoffversorgung des Gehirns bei einem O_2-Druck von 18–20 mmHg (OPITZ und SCHNEIDER, 1950). Bei Unterschreiten dieser Sauerstoffdruckwerte im hirnvenösen Blut treten im ersten Fall eine Mehrdurchblutung des Gehirns, im zweiten Fall Bewußtlosigkeit und deutliche Veränderungen des EEGs ein. In allen Fällen ist nach den Ergebnissen theoretischer Analysen der Sauerstoffdiffusion im Hirngewebe (THEWS, 1960; GROTE, 1967, 1968) als Ursache für die cerebrale Mehrdurchblutung nach Erreichen hirnvenöser O_2-Drucke zwischen 25 und 28 mmHg eine beginnende Hypoxie in der Hirnrinde und weiteren Hirnarealen mit hohem Sauerstoffverbrauch anzunehmen. In den gleichen Hirnabschnitten muß mit einer Anoxie gerechnet werden, sobald sich die kritischen O_2-Drucke im venösen Hirnblut einstellen.

Führt man vergleichbare experimentelle Untersuchungen an Hunden unter den Bedingungen respiratorischer und nichtrespiratorischer Acidosen durch, so beobachtet man, daß die O_2-abhängige Regulation der Hirndurchblutung bereits bei hirnvenösen O_2-Drucken über ca. 35 mmHg einsetzt. Kritische Sauerstoffversorgungsbedingungen des Hirngewebes werden erreicht bei O_2-Drucken im venösen Hirnblut um ca. 30 mmHg (GROTE et al., 1971).

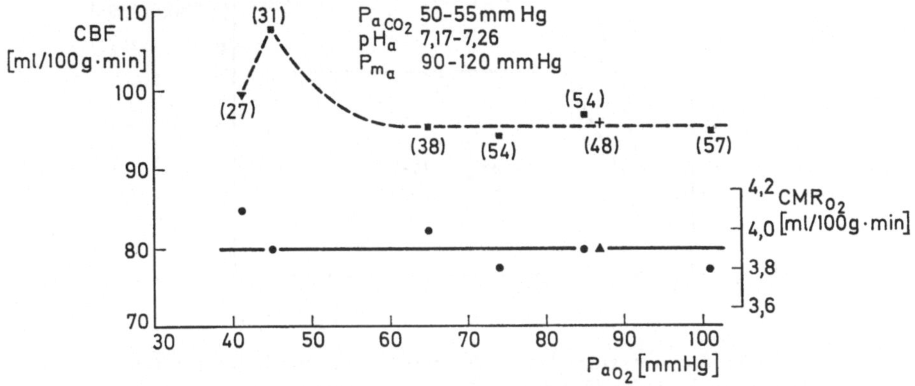

Abb. 1. Der Einfluß des arteriellen O_2-Druckes auf die Durchblutung (CBF, – – –) und die O_2Aufnahme des Gehirns (CMR_{O_2}, ——) unter den Bedingungen einer respiratorischen Acidose. Die zugehörigen O_2-Druckwerte im venösen Hirnblut wurden in Klammern angegeben

Die fortschreitende Erniedrigung des arteriellen O_2-Druckes führte unter den Bedingungen einer respiratorischen Acidose (Abb. 1) zu einem Anstieg der regionalen und globalen Hirndurchblutung bei Erreichen eines O_2-Druckes von ca. 60 mmHg. Der O_2-Druck im venösen Blut des Gehirns betrug gleichzeitig ca. 35 mmHg und lag damit deutlich über den bisher bekannten Werten für die Reaktionsschwelle. Nach Erreichen eines Pv_{O_2} von 27 mmHg traten plötzlich ein deutlicher Blutdruckabfall, eine ausgeprägte Bradykardie und als Folge eine Verminderung der cerebralen Durchblutung auf. Durch die sofortige Erhöhung des arteriellen Sauerstoffdruckes konnte eine Normalisierung der O_2-Versorgungsbedingungen im Hirngewebe erreicht werden.

Untersuchungen der Hirndurchblutung unter den Bedingungen nichtrespiratorischer Acidosen ergaben, daß nach Unterschreiten eines arteriellen O_2-Druckes von ca. 65 mmHg und eines zugehörigen O_2-Druckes im venösen Hirnblut von ca. 36 mmHg eine deutliche Mehrdurchblutung einsetzt. Wurden O_2-Druckwerte von ca. 60 mmHg bzw. 30–35 mmHg im arteriellen bzw. venösen Hirnblut erreicht, so traten kritische Bedingungen für die cerebrale Sauerstoffversorgung ein. Die weitere Erniedrigung des arteriellen O_2-Druckes führte zu einem starken Abfall der Durchblutung und der O_2-Aufnahme des Hirngewebes (Abb. 2).

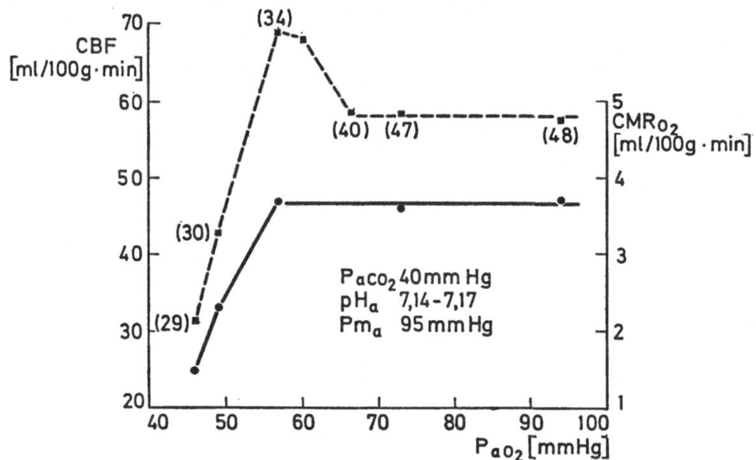

Abb. 2. Der Einfluß des arteriellen O_2-Druckes auf die Durchblutung (CBF, – – –) und die O_2-Aufnahme des Gehirns (CMR$_{O_2}$, ——) unter den Bedingungen einer nichtrespiratorischen Acidose. Die zugehörigen O_2-Druckwerte im venösen Hirnblut sind in Klammern angegeben

Literatur

ALEXANDER, S. C., WOLLMAN, H., COHEN, P. J., CHASE, P. E., BEHAR, M.: Cerebrovascular response to aP$_{CO_2}$ during halothane anesthesia in man. J. appl. Physiol. 19, 561 (1964).

BETZ, E., KOZAK, R.: Der Einfluß der Wasserstoffionenkonzentration der Gehirnrinde auf die Regulation der corticalen Durchblutung. Pflügers Arch. ges. Physiol. 293, 56 (1967).

GROTE, J.: Die Sauerstoffspannung im Gehirngewebe. In: Hydrodynamik, Elektrolyt- und Säure-Basen-Haushalt im Liquor und Nervensystem, S. 41. Stuttgart: Thieme 1967.

— Der Einfluß der O_2-Affinität des Blutes auf die Sauerstoffversorgung der Organe. Habil.-Schrift, Mainz 1968.

— KREUSCHER, H., SCHUBERT, R., RUSS, H. J.: Investigations on the influence of Pa$_{O_2}$ and Pa$_{CO_2}$ on the regulation of cerebral blood flow in dogs. In: Brain and Blood Flow, S. 200. London: Pitman Medical and Scientific Publishing Company Ltd 1971.

HARPER, A. M.: The inter-relationship between aP$_{CO_2}$ and blood pressure in the regulation of blood flow through the cerebral cortex. Acta neurol. scand. Suppl. 14, 94 (1965).

KREUSCHER, H., GROTE, J.: Effect of hyper- and hypoventilation on CBF during anaesthesia. In: Cerebral Blood Flow. Clinical and Experimental Results, S. 244. Berlin-Heidelberg-New York: Springer 1969.

NOELL, W.: Über die Durchblutung und die Sauerstoffversorgung des Gehirns. VI. Einfluß der Hypoxämie und Anämie. Pflügers Arch. ges. Physiol. **247**, 553 (1944).
— SCHNEIDER, M.: Über die Durchblutung und die Sauerstoffversorgung des Gehirns im akuten Sauerstoffmangel. III. Die arteriovenöse Sauerstoff- und Kohlensäuredifferenz. Pflügers Arch. ges. Physiol. **246**, 207 (1942).
— — Über die Durchblutung und die Sauerstoffversorgung des Gehirns. IV. Die Rolle der Kohlensäure. Pflügers Arch. ges. Physiol. **250**, 514 (1944).
OPITZ, E., SCHNEIDER, M.: Über die Sauerstoffversorgung des Gehirns und den Mechanismus von Mangelwirkungen. Ergebn. Physiol. **46**, 126 (1950).
REIVICH, M.: Arterial P_{CO_2} and cerebral hemodynamics. Amer. J. Physiol. **206**, 25 (1964).
THEWS, G.: Die Sauerstoffdiffusion im Gehirn. Ein Beitrag zur Frage der Sauerstoffversorgung der Organe. Pflügers Arch. ges. Physiol. **271**, 197 (1960).
WAHL, M., DEETJEN, P., THURAU, K., INGVAR, D. H., LASSEN, N. A.: Micropuncture evaluation of the importance of perivascular pH for the arteriolar diameter on the brain surface. Pflügers Arch. ges. Physiol. **316**, 152 (1970).

Einfluß auf die Durchblutung des geschädigten Gehirns

Von **H. J. Reulen**

Die von Herrn GROTE geschilderten Verhältnisse gelten für einen normalen Blutdruck. Wenn allerdings der Blutdruck auf etwa 40–70 mmHg abgefallen ist, so ergeben sich andere Bedingungen (Abb. 1). Bei einem stark erniedrigten Blutdruck sind die Gefäße aufgrund der Autoregulation bereits maximal dilatiert und eine Erhöhung des CO_2-Spiegels im Blut vermag jetzt keine weitere Dilatation bzw. Mehrdurchblutung hervorzurufen. Auch bei einer respiratorischen Alkalose verringert sich die Durchblutung nicht mehr, da der hirnvenöse pO_2 bereits seine kritische Schwelle erreicht hat.

Bei *metabolischen* Säure-Basen-Störungen sind die Veränderungen der Hirndurchblutung entgegengesetzt wie bei den jeweiligen respiratorischen Störungen, d. h. bei einer akuten metabolischen Acidose fällt die cerebrale Durchblutung ab und bei einer akuten metabolischen Alkalose steigt sie an. Die Ursache für dieses unterschiedliche Verhalten bei metabolischen und respiratorischen Störungen ist darin zu sehen, daß die Hirndurchblutung nicht von den pH-Änderungen im Blut, sondern vom pH der extracellulären Flüssigkeit im Gehirn, welche die Kapillaren umspült, geregelt wird. Da die Blut-Hirn-Schranke für Wasserstoff-Ionen und für Bicarbonat sehr viel weniger durchlässig ist als für CO_2, wird bei akuten Änderungen des Säure-Basen-Status der pH im EZR des Gehirns in erster Linie vom pCO_2 bestimmt.

Das bisher besprochene Verhalten der Hirndurchblutung bei Säure-Basen-Änderungen gilt für das normale, nicht geschädigte Gehirn. Tritt aber jetzt der Modellfall ein, daß eine Schädigung des Gehirns, etwa nach einem Schädel-Hirn-Trauma, einem Infarkt, einem Hirnödem usw. vorliegt, so treten in den geschädigten Hirnarealen Abweichungen von dem bisher geschilderten Verhalten auf. In den geschädigten Arealen fällt die Reaktivität der Hirngefäße auf Änderungen des pCO_2 aus.

Das bedeutet, daß bei einer Erhöhung des arteriellen pCO_2 sich zwar die Gefäße in den nicht geschädigten Hirnarealen erweitern, die Gefäße der geschädigten Areale reagieren jedoch nicht. Es kommt deshalb aufgrund des unterschiedlichen regionalen cerbrovaskulären Widerstandes sowie anderer Mechanismen zu der erwarteten Mehrdurchblutung der ungeschädigten Hirnareale und zu einer Minderdurchblutung der geschädigten Hirnareale.

Dieses Phänomen wird als intracerebrales „Steal-Syndrom" bezeichnet. Bei einer respiratorischen Alkalose vermögen sich die Gefäße der ungeschädigten Areale zu verengen, d. h. diese Areale werden minderdurchblutet, während die Durchblutung in den geschädigten Arealen zunimmt. Es tritt also ein sogenanntes „inverses Steal-Syndrom" mit einer Umverteilung der Hirndurchblutung zugunsten der geschädigten Areale auf. Letzterer Effekt kann therapeutisch ausgenutzt werden (Reulen).

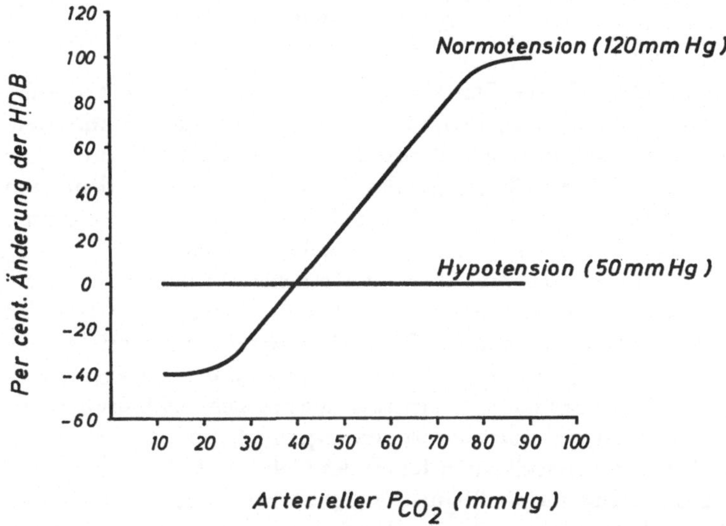

Abb. 1. Schematische Darstellung des Einflusses des arteriellen pCO_2 auf die Hirndurchblutung bei normalem arteriellem Druck und bei einer arteriellen Hypotension

Literatur

REULEN, H. J.: Veränderungen der regionalen Hirndurchblutung beim zerebralen Ödem und ihre therapeutische Beeinflussung durch Hyperventilation. Zschr. Prakt. Anaesth. Wiederbelebung, **6**, 426-430 (1971)

Einfluß auf den Säure-Basen-Status im Liquor

Von **H. J. Reulen**

Vereinfacht stellt die Blut-Hirn-Schranke eine für Gase permeable, für Elektrolyte jedoch kaum permeable Membran dar. Die Konzentrationen für Natrium, Kalium, Chlor, Bicarbonat usw. sind deshalb im Liquor und in der extracellulären Flüssigkeit des Gehirns, welche mit dem Liquor in freiem Austausch steht, sehr stabil und sie ändern sich auch nicht bei erheblichen Abweichungen im Serum. So bleibt z. B. ein akuter Anstieg des Serum-Kalium auf 8 mval/l ohne wesentlichen Einfluß auf das Liquor-Kalium. Da der Liquor praktisch kein Eiweiß enthält, ist er lediglich sehr schwach über das Bicarbonat-Kohlensäuresystem gepuffert. Akute pH-Änderungen im Liquor sind deshalb nur über akute Änderungen des arteriellen pCO_2 zu erwarten. Langfristig gleicht sich das Liquor-Bicarbonat jedoch wieder an und normalisiert den Liquor-pH. pH-Verschiebungen im Liquor bzw. im extracellulären Raum des Gehirns sind von großer Bedeutung, da sie einmal für die Regulation der globalen und lokalen Hirndurchblutung und zu anderen für die chemische Regulation der Atmung verantwortlich sind. Auf letzteren Punkt möchte ich kurz eingehen. Besonders die Arbeitsgruppen um WINTERSTEIN, LEUSEN, PAPENHEIMER, LOESCHKE usw. haben gezeigt, daß im Bereich der Medulla oblongata wasserstoffionen-sensitive Neurone lokalisiert sind, welche für den Atemantrieb verantwortlich sind. Die Abbildung 1 veranschaulicht, wie genau die Ventilation einer Zu- oder Abnahme des Liquor-pH unter den verschiedensten geprüften Bedingungen folgt. Es ist wichtig darauf hinzuweisen, daß dies unabhängig von dem jeweiligen arteriellen Bicarbonat-Wert geschieht. Daraus läßt sich für die Klinik der Schluß ableiten, daß bei akuten respiratorischen Veränderungen des Säure-Basen-Gleichgewichtes die zentralen und daneben auch die peripheren Kontrollmechanismen die Ventilation bei einer Acidose erhöhen und bei einer Alkalose reduzieren. Bei prolongierten Veränderungen wird durch einen langsamen Bicarbonat-Ausgleich zwischen Liquor und Blut eine Anpassung geschaffen, z. B. bei der Adaption an großen Höhen.

Schwierigkeiten in der Klinik können z. B. dann auftreten, wenn eine länger bestehende metabolische Acidose schnell kompensiert wird. Da inzwischen das Liquor-Bicarbonat sich an das während der Acidose erniedrigte Plasma-Bicarbonat angeglichen hat, wird jetzt bei einer akuten Rückkehr zu einem normalen pCO_2 der Liquor-pH abfallen und die resultierende Hyperventilation wird so lange weiterbestehen, bis das Bicarbonat im Liquor wieder angestiegen ist. Bei metabolischen Alkalosen können umgekehrte Ereignisse beobachtet werden. Eine Fehlsteuerung der Atmung kann z. B. auch nach schweren Schädel-Hirn-Traumen beobachtet werden, wenn als Folge einer Gewebshypoxie Lactat aus dem Gewebe in den EZR des Gehirns bzw. dem Liquor ausgeschwemmt wird. Der dadurch verursachte pH-Abfall des Liquors führt zu einer oft Tage anhaltenden inadaequaten Hyperventilation mit oft erheblicher respiratorischer Alkalose.

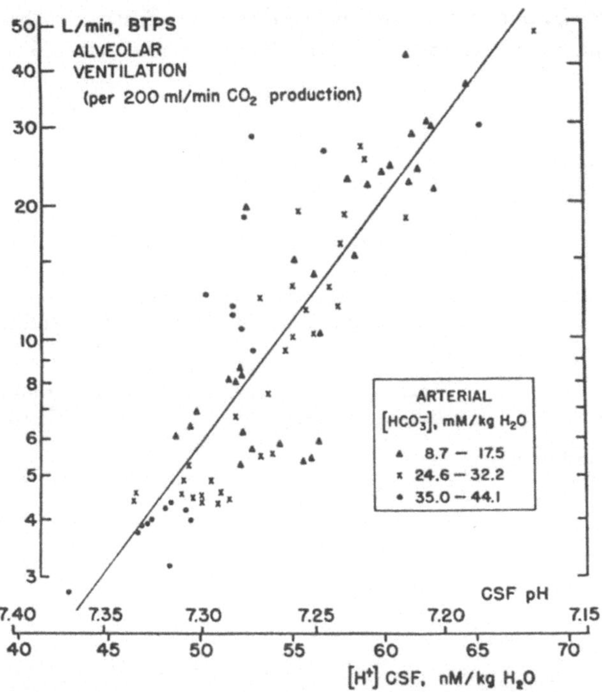

Abb. 1. Alveolar ventilation vs. CSF pH in various chronic acid-base conditions. Eighty-one steady-state measurements in 5 goats (31 acidosis, 19 alkalosis) while breathing 0–10 % CO_2. Alveolar ventilations corrected to standard CO_2 production of 200 ml/min, STPD. The best fit line for the pooled data is shown. (Aus: FENCL, MILLER, and PAPPENHEIMER; Amer. J. Physiol. **210**, 455 (1966)

Literatur

FENCL, V., MILLER, T. B., PAPPENHEIMER, I. R.: Studies on the respiratory response to disturbances of acid-base balance, with deductions concerning the ionic composition of cerebral interstitial fluid. Amer. J. Physiol. **210**, 459 (1966).

Einfluß auf die Perfusion in der Niere

Von **H. E. Franz**

Die Auswirkungen von Störungen des Säure-Basen-Haushaltes auf die Nierenperfusion beim Menschen und in Tierexperimenten sind auf Tabelle 1 aufgeführt.

Tabelle 1. *Auswirkungen von Säure-Basenhaushaltsstörungen auf die Perfusion des Nierengewebes*

	Tierexperimentell	Klinik
Respir. Acidose	Herabsetzung der Durchblutung um 25 %, Oligo-Anurie	Oligurie nur im Zusammenhang mit Kreislaufversagen
Metab. Acidose	Herabsetzung der Durchblutung mit Oligurie	Oligurie nur im Zusammenhang mit Kreislaufversagen
Respirator. und metab. Alkalose	—	—

Diagnostische Maßnahmen, Methoden und Geräte

Von **C. Müller**

Um Störungen des Säure-Basen-Haushaltes beeinflussen zu können, müssen respiratorische von metabolischen Stoffwechselstörungen getrennt werden. Eine sichere Entscheidung über den Schweregrad der Stoffwechselentgleisung und die anzuwendenden Therapiemaßnahmen läßt nur die Blutgasanalyse zu.

Während metabolische Störungen durch den Standard-Bicarbonat-Gehalt bestimmt werden, können respiratorische Störungen durch den CO_2-Druck ermittelt werden. Nach der Definition von Astrup werden in Abhängigkeit von der pH-Änderung kompensierte und dekompensierte respiratorische von metabolischen Acidosen und Alkalosen unterschieden. Die Frage nach der Entstehung einer Stoffwechselstörung durch Retention fixer Säuren oder gesteigerter Alkaliverluste im Sinne von Additions- bzw. Subtraktionsacidose oder Alkalose bleibt in ihrer Beantwortung der Klinik und der weiteren Verlaufskontrolle vorbehalten. Die aus der Gasanalyse sich häufig ergebende Frage, ob entsprechende respiratorische oder metabolische Stoffwechselveränderungen ursächlich oder als Kompensationsmechanismen aufzufassen sind, ist nur mit Hilfe zusätzlicher Laboruntersuchungen im Elektrolythaushalt und entsprechenden klinischen Befunden zu sichern.

Zur Bestimmung der Parameter des Säure-Basen-Haushaltes stehen folgende Meßverfahren zur Verfügung:

1. Direkte Methoden mit Makro- bzw. Mikroelektroden zur Messung des Sauerstoff- und CO_2-Druckes sowie des pH-Wertes.

2. Indirekte Messungen durch Tonometrieren zweier bekannter Gaskonzentrationen und Anwendung entsprechender Nomogramme, deren Grundlage die Henderson-Hasselbach'sche Gleichung darstellt.

3. Manometrische Methoden nach van Slyke auch im Mikroverfahren, wobei der Blutgasgehalt in Vol.-% direkt gemessen werden kann.

4. Massenspektrometrische Methoden lassen in vivo kontinuierliche Blutgasmessungen ohne Blutentnahme zu, wobei Sauerstoffdruck und CO_2-Druck sowie das aktuelle pH gemessen werden können.

5. Mit Hilfe der Oxymetrie wird die Sauerstoffsättigung entsprechend der Blutproben bestimmt.

Insgesamt ist den direkten Methoden der Vorzug zu geben, da bei allen indirekten Meßmethoden zur Bestimmung des CO_2-Druckes gegenüber direkten Methoden signifikante Unterschiede bestehen.

Zusammenfassend müssen zur Beurteilung einer vorliegenden Blutgasanalyse folgende Fragen, entsprechend ihrer Dringlichkeit, beantwortet werden:

1. Wie bedrohlich für die Vitalfunktion ist die Stoffwechselstörung aufzufassen, d. h. liegt eine kompensierte oder eine dekompensierte Störung vor.

2. Ist die Störung respiratorisch oder metabolisch verursacht.

3. Liegt eine primär-metabolische Störung mit respiratorischer Kompensation oder Teilkompensation oder eine primär-respiratorische Störung mit metabolischer Kompensation vor.

4. Kombinieren sich gegensätzliche Verschiebungen im metabolischen Stoffwechsel (z. B. Säureverluste-Alkalose mit Lactat-Acidose) zu vorgetäuschten normalen Blutgasanalysen.

Klinisch-therapeutische Maßnahmen

Von **W. E. Zimmermann**

Die *Therapie einer Acidose oder Alkalose*, gleichgültig ob metabolisch oder respiratorisch, hat die Wiederherstellung des Säure-Basen-Haushaltes zum Ziel.

Metabolische Acidose: Liegt ein pH-Wert $< 7{,}25$ vor, haben die Kompensationsvorgänge versagt. Ein circulus vitiosus bahnt sich an, der durch eine sofortige antiacidotische Therapie durchbrochen werden muß. Sie kann jedoch nur eine zusätzliche Maßnahme darstellen (Abb. 1).

Antiacidotische Substanzen: Natriumlactat und -acetat. Sie setzen für einen protrahierten antiacidotischen Effekt einen uneingeschränkten äroben Zell- und Leberstoffwechsel voraus und sind für das fortgeschrittene Stadium des Schocks nicht geeignet.

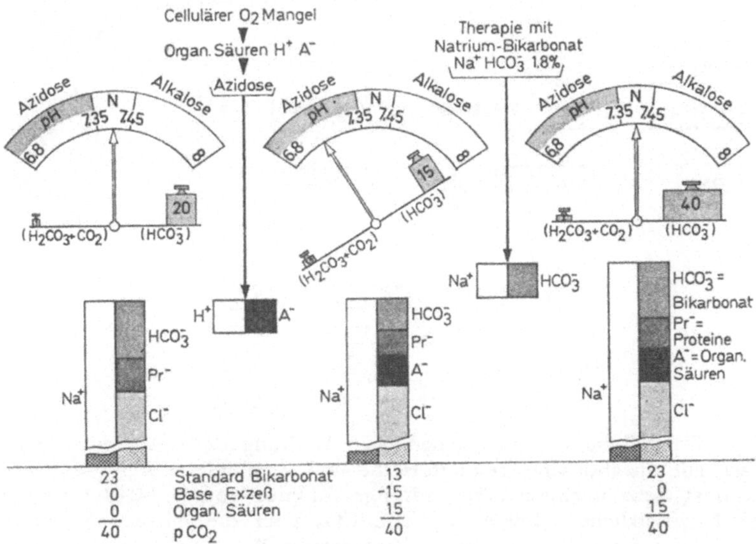

Abb. 1. Schematische Darstellung der Entstehung einer metabolischen Acidose und deren Auswirkung auf die Meßgrößen des Säure-Basen-Haushaltes. Antiacidotische Therapie mit Natriumbicarbonat. Cave Natriumretention! (ZITTEL/ ZIMMERMANN)[1]

---

[1] Akute chirurgische Erkrankungen. ZITTEL/ZIMMERMANN, Stuttgart: Georg Thieme. 1970

Natriumbicarbonat liefert Pufferbase für das biologisch wichtige *Bicarbonat-Puffer-System*, wobei eine normale Lungenfunktion Voraussetzung ist (Abb. 2), die bei pulmonaler Kongestion im Schock beeinträchtigt sein kann.

CO_2 durchdringt die Zellmembran rascher als das HCO_3-Ion, so daß trotz Anstiegs des Blut-pH-Wertes der intracelluläre pH-Wert vorübergehend abfallen kann. Eine mögliche Hypernatriämie (Abb. 3) ist bei Kindern und bei renaler Insuffizienz unerwünscht. Neben der Gefahr der Ausfällung von Carbonaten in Gegenwart von Ca^{++}- und Mg^{++}-Ionen ist anzunehmen, daß diese Substanz ihre Wirkung rasch im Extracellulärraum und nur langsam im Intracellulärraum entfaltet.

Die *Quantität* ist nach der empirisch aufgestellten Formel zu bestimmen
mval BE (Extracellulärraum) = 0,3 · neg. BE (Blut) · kg KG.

Daraus ergibt sich:

mval antiacidotische Substanz = neg. BE · 0,3 · kg KG ([0,3 · kg Körpergewicht] = Verteilung im Extracellulärraum).

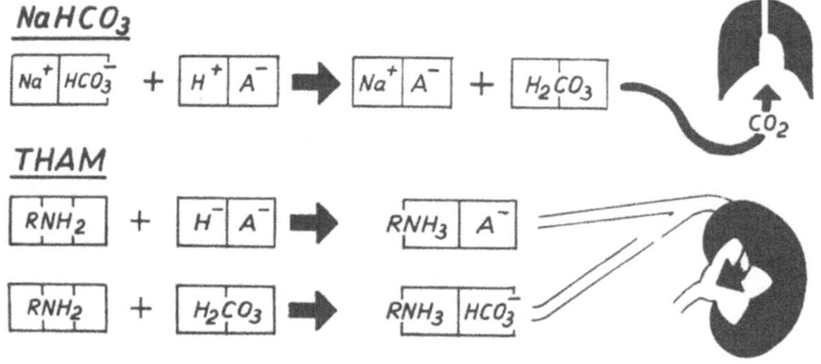

	metab.	respir.	comb.
NaHCO_3	+	Ø	Ø
THAM	+ +	+	+ +

Abb. 2. Darstellung der unterschiedlichen Wirkung der antiacidotischen Substanzen auf metabolische, respiratorische und kombinierte Acidose: Natriumbicarbonat (setzt uneingeschränkte Lungenfunktion voraus, Na-Retention), und THAM (zusätzliche Eliminierung von CO_2 über die Nieren als Carbonat). (ZITTEL/ZIMMERMANN)[2]

THAM (Trishydroxymethylaminomethan) verteilt sich sofort im Gesamtkörperwasser und bildet therapeutisch brauchbare Puffersysteme als *THAM-Carbonat/H_2CO_3* und *THAM-Lactat/Milchsäure*. Unabhängig von

---

[2] Akute chirurgische Erkrankungen. ZITTEL/ZIMMERMANN. Stuttgart: Georg Thieme. 1970

der respiratorischen Komponente wird Bicarbonat erzeugt und Kohlensäure über die Nieren eliminiert (Abb. 2).

Als starker H-Ionenakzeptor kann THAM solange H-Ionen abfangen, bis 70% der Substanz ionisiert sind. Dabei wird der ionisierte, d. h. der mit H-Ionen beladene Anteil renal schneller ausgeschieden als der undissoziierte Anteil und entfaltet als tubulär nicht resorbierbares Molekül eine starke osmotische Diurese. Der nicht dissoziierte Anteil dringt in die Zellen ein und überwindet die Blut-Liquorschranke, zumal er sich wegen der intramolekularen Wasserstoffbrücken wie das leicht diffundierende Ammonium-Ion verhält und nicht zur Mycel-Bildung an Grenzflächen neigt. Da der intrazelluläre pH-Wert unter dem des Serums liegt, wird der so vorgedrungene Anteil von THAM ebenfalls ionisieren und antiacidotisch wirken. Durch Beeinflussung der von der H-Ionenkonzentration abhängigen Konstanten K des Quotienten DPNH: DPN (NADH/NAD) im LDH-System vermag THAM den im Schock erhöhten Milchsäurespiegel zugunsten des Brenztraubensäurespiegels zu reduzieren und damit das Substratangebot und die energetische Ausbeute der Atmungskettenphosphorylierung zu begünstigen.

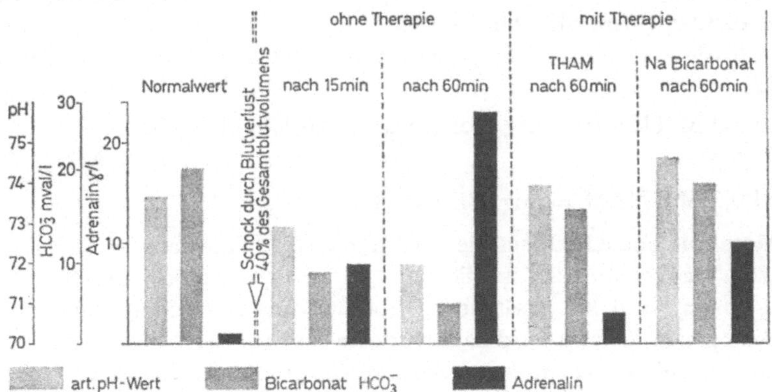

Abb. 3. Katecholaminspiegel (Adrenalin), arterieller pH-Wert und Standard-Bicarbonat beim hämorrhagischen Schock und die unterschiedliche Wirkung von THAM gegenüber Natriumbicarbonat auf den Katecholaminspiegel trotz Normalisierung des Säure-Basen-Haushaltes (ZITTEL/ZIMMERMANN)[3]

Eine molare, mit dem Blut isotonische Lösung wird gut vertragen. Die Toxizität ist vergleichsweise sehr gering und wird durch die Bindung saurer Stoffe im Organismus bestimmt. Sie ist um so geringer, je größer der Säuregehalt des Gesamtorganismus ist. Eine Kumulation ist nur bei nicht acidotischer Stoffwechsellage und Verabfolgung von größeren Mengen in kürzeren Abständen sowie bei Anurie möglich.

---

[3] Akute chirurgische Erkrankungen. ZITTEL/ZIMMERMANN. Stuttgart: Georg Thieme. 1970

Eine *atemdepressorische Wirkung* ist nur bei *ausgeglichenem Säure-Basen-Haushalt* und einer Dosis über 500 mg bzw. 12,5 ml/kg Körpergewicht einer 0,3 molaren Lösung oder bei rascher Infusion $>$ 0,2–0,3 ml/kg/min nachweisbar.

Bei der erheblichen *Hyperventilation* im Schock ist ein solcher Effekt nicht zu beobachten. Günstig wirkt sich die Tendenz von *THAM*, den *Blutzuckerspiegel* zu senken, im Schock aus. Bei einer Dosis von über 0,5 g/kg wird die obligate Hyperglykämie im Schock abgebaut, indem eine gesteigerte Glucoseutilisation Insulin freisetzt. THAM fördert den Austritt von *Kalium* aus den Zellen, vermag darüber hinaus im Gegensatz zu Natrium-Bicarbonat den erhöhten *Katecholaminspiegel* intensiver und rascher zu senken und bewirkt eine bessere Ansprechbarkeit des Herz- und Kreislaufsystems auf die vermehrt ausgeschütteten Katecholamine (Abb. 3).

Eine 0,3 molare, mit dem Blut isotone THAM-Lösung (36 g/1000 ml) in 5%iger Laevulose oder in Dextran 40-Lösung mit einer Titration des pH auf 8,5 durch Äpfelsäure (Antischocklösung) hat sich in jüngster Zeit klinisch bewährt.

Für eine 0,3 molare THAM-Lösung ist bei der *Berechnung* zu berücksichtigen, daß bei einem pH von 7,4 etwa 30% nicht voll dissoziiert sind in einem Flüssigkeitsraum, der 20% des Körpergewichtes ausmacht, so daß sich ergibt:

ml 0,3 M THAM = neg. BE (mval/l) · kg KG · 0,3 · 0,33;

vereinfacht:

ml 0,3 M THAM = neg. BE · kg KG.

Metabolische Alkalose. Die vordringlichste therapeutische Aufgabe bei den sog. Mangelalkalosen ist die Substitution von Chlorid durch isotone NaCl-Lösung und bei zusätzlichem Kaliummangel durch Kaliumchlorid.

Die renalen Kalium- und Säureverluste sind auf den Mangel an verfügbarem Chlorid zurückzuführen. Solange Chlorionen nicht ersetzt werden, kann Natrium im Nierentubulus nur im Austausch gegen Kalium- und H-ionen rückresorbiert werden. Daraus resultiert eine fortgesetzte Natrium-Rückresorption, die erst durch Chloridzufuhr unterbrochen wird. Den Alkalosen, die Blut- und Plasmainfusionen folgen, liegt eine ähnliche Störung zugrunde:

Der Natrium-Pool wird durch Abbau des Zitrates aus dem Trinatriumzitrat vergrößert ohne adäquate Steigerung der Chloridzufuhr. Die metabolische Alkalose kann auch bei artifizieller Beatmung einer respiratorischen Insuffizienz bestehen bleiben, da einerseits eine kompensatorische Erhöhung des Natrium-Bicarbonats und andererseits eine vermehrte Ausscheidung von Chlorionen vorliegt. Ein vollständiges Abrauchen der Kohlensäure wird dadurch verhindert, daß sich der Bicarbonat- und der Chlorspiegel im Serum umgekehrt proportional verhalten.

Die Therapie besteht in ausreichender Chlorionenzufuhr. Bleibt der pH-Wert alkalisch, so ist Diamox, das bei Lungen- und Herzinsuffizienz einzig wirksame Diuretikum, zu verabreichen. „Verlustalkalosen" (häufiges Erbrechen, Magensonden, Gastroduodenalfisteln), die unter *Beeinträchtigung der alveolären Funktion* zur respiratorischen Insuffizienz führen, sollten durch H- und Chlor-Ionenzufuhr bzw. eine n/10 HCl-Lösung in milliäquivalenter Menge therapiert werden (Abb. 4)

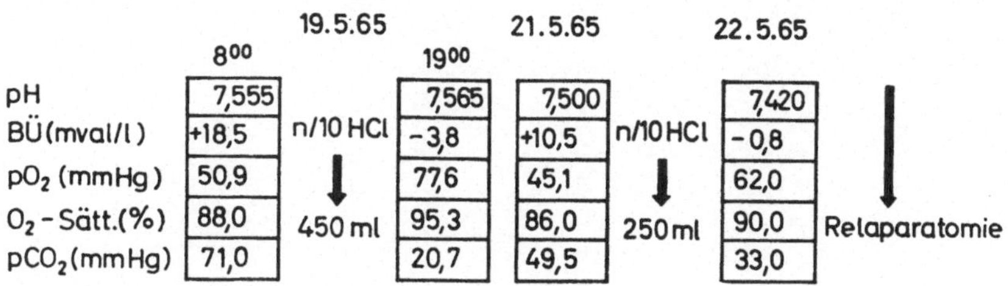

Abb. 4. Therapie einer sog. „Verlustalkalose" mit n/10 HCl. Neben der Normalisierung des Säure-Basen-Haushaltes (pH, BÜ) ist die Besserung der arteriellen Sauerstoffwerte (PO₂, O₂-Sätt.) sowie die art. Kohlensäurespannung (PCO₂) zu beachten

$$\text{mval HCl} = \text{pos. BE (BÜ)} \cdot 0{,}3 \cdot \text{kg KG} \quad (100 \text{ ml n/1 HCl} + 900 \text{ ml}$$
$0{,}9\%$iges NaCl $= 1$ l n/10 HCl)

Argininhydro- oder Lysinchlorid gewinnt in diesen Fällen ebenfalls an Bedeutung (4 mval BE = 100 ml Lysinchlorid). Eine Ammoniumchloridlösung sollte wegen der Gefahr einer NH_3-Intoxikation nicht infundiert werden.

Respiratorische Acidose. Ein intensiver oder längerer CO_2-Anstieg führt zur renalen Kompensation. *Verminderte Natrium-* und *gesteigerte Chlorionenausscheidung* bedingen erhöhte Bicarbonat-Rückresorption und Hypochlorämie.

Diese posthyperkapnische Alkalose ist für eine chronisch alveoläre Hyperventilation typisch. Es entsteht ein neues, relativ stabiles Gleichgewicht zwischen Atemarbeit, Ventilation und Erregbarkeit der Atemzentren.

Die daraus resultierende *Hypoxämie* und *Hyperkapnie* sind mit dem Leben zu vereinbaren, solange die Nieren diesen Zustand kompensieren. Eine Störung dieses Gleichgewichtes durch Schädigung des thorakopulmonalen Systems oder der Nierenfunktion kann unter weiterem Anstieg der Kohlensäurespannung über 70 mmHg und Abfall des pH-Wertes das Leben des Patienten bedrohen. Das Mittel der Wahl ist eine *artifizielle Beatmung* und eine evtl. Applikation von THAM zur Behebung der bronchospastischen Komponente und zur renalen Eliminierung von CO_2.

Respiratorische Alkalose erfordert keine besondere Therapie; bei Hyperventilationstetanie wird eine Besserung durch CO_2-Rückatmung erreicht.

D. THANATOGENESE

Die wichtigsten diagnostischen Fragen bei der Beurteilung vitaler Funktionen

Von **W. Halmágyi**

Die Diagnose und die Überwachung, die in der Intensivtherapie eine Identität erlangten, sollen die Beantwortung aller thanatogenetisch wichtigen Fragen ermöglichen, da sie entscheidende therapeutische Konsequenzen haben. Die richtige Deutung der Einzelwerte setzt jedoch die Kenntnis ihrer physiologischen und pathopysiologischen Zusammenhänge voraus.

Die einzelnen Fragen sind:

1. Sind klinische Zeichen einer Hypoxie, wie Cyanose, Tachy- oder Bradyarrhythmie, Hyper- oder Hypotonie, Dyspnoe, Verwirrtheit oder Bewußtlosigkeit vorhanden?

2. Wie hoch sind die systolischen und diastolischen Blutdruckwerte?

3. Wie hoch ist die Atemfrequenz?

4. Wie groß ist das Atemhubvolumen?

5. Welche Befunde ergeben die physikalischen Untersuchungsmethoden der Lunge?

6. Ist die alveoläre Ventilation adäquat?

7. Ist der arterielle Sauerstoffpartialdruck unter Luftatmung und unter Gabe von 100% Sauerstoff adäquat?

8. Wie hoch ist der Sauerstoffgehalt des arteriellen Blutes?

9. Ist der gemischt-venöse Sauerstoffgehalt und Sauerstoffpartialdruck oberhalb der kritischen Grenze?

10. Ist das Herzzeitvolumen adäquat?

11. Wie hoch ist der zentralvenöse Druck?

12. Besteht eine Zentralisation des Kreislaufes?

13. Ist die zirkulierende Blutmenge adäquat?

14. Welche Veränderungen zeigt das EKG?

15. Welche Störungen des Säure-Basen-Haushaltes liegen vor?

16. Ist eine Hyper- oder Hypokaliämie vorhanden?

17. Sind anderweitige Störungen des Wasser-Elektrolythaushaltes einschließlich Nierenfunktion zu registrieren?

18. Ist die alveolo-arterielle Sauerstoffdruckdifferenz unter Gabe von 100% Sauerstoff erhöht?

19. Ist die Sauerstoffaufnahme erhöht?

20. Ist eine kardiale Kompensation bei einer arteriellen Hypoxämie vorhanden?

21. Ist der physiologische Totraum vergrößert?

22. Besteht eine restriktive oder obstruktive Ventilationsstörung?

23. Ist die ventilatorische Leistungsreserve ausreichend?

24. Was zeigt die Thoraxübersichtsaufnahme?

25. Wie hoch ist die Körperkerntemperatur?

26. Wie verhalten sich die Reflexe und das EEG?

27. Welche mechanischen oder chemisch-toxischen Noxen und welche Zweitkrankheiten sind für die bestehenden Störungen der Homoiostase von ätiologischer Bedeutung?

28. Welchen Verlauf nimmt die Grundkrankheit?

Diese Zusammenstellung in der Reihenfolge der Dringlichkeit geschieht lediglich unter Berücksichtigung der klinischen Gegebenheiten. Sie darf nicht als eine Reihenfolge der Wichtigkeit gedeutet werden. Alle hier aufgeführten Fragen sind gleich wichtig und müssen für die exakte Diagnose und adäquate Therapie beantwortet werden.

Anaesthesiology and Resuscitation · Anaesthesiologie und Wiederbelebung
Anesthésiologie et Réanimation